CONSTRUIRE SON PARCOURS DE THESE

Communication et Civilisation

Collection dirigée par Nicolas Pelissier

La collection *Communication et Civilisation*, créée en septembre 1996, s'est donné un double objectif. D'une part, promouvoir des recherches originales menées sur l'information et la communication en France, en publiant notamment les travaux de jeunes chercheurs dont les découvertes gagnent à connaître une diffusion plus large. D'autre part, valoriser les études portant sur l'internationalisation de la communication et ses interactions avec les cultures locales.
Information et communication sont ici envisagées dans leur acception la plus large, celle qui motive le statut d'interdiscipline des sciences qui les étudient. Que l'on se réfère à l'anthropologie, aux technosciences, à la philosophie ou à l'histoire, il s'agit de révéler la très grande diversité de l'approche communicationnelle des phénomènes humains.
Cependant, ni l'information, ni la communication ne doivent être envisagées comme des objets autonomes et autosuffisants.

Dernières parutions

C. LACROIX, N. PELISSIER (dir.) *Les Intermittents du spectacle, de la culture aux médias*, 2008.
Arlette BOUZON et Vincent MEYER (dir.), *La Communication des organisations. Entre recherche et action*, 2008.
Annabelle KLEIN (dir.), *Objectif Blogs ! Explorations dynamiques de la blogosphère*, 2007.
Yannick ESTIENNE et Erik NEVEU, *Le journalisme après Internet*, 2007.
Eric DACHEUX, *Communiquer l'utopie*, 2007.
Joëlle Le MAREC, *Publics et musées, la confiance éprouvée*, 2007.
Stéphane OLIVESI, *Footnotes, une socioanalyse de communication par le bas... de page*, 2007.
Jean-Curt KELLER, *Le paradoxe dans la communication*, 2007.
Pierre ZEMOR, *Le défi de gouverner communication comprise. Mieux associer les citoyens ?* Conversation avec Patricia Martin, 2007

Sous la direction de
Camille Laville, Laurence Leveneur, Aude Rouger

CONSTRUIRE SON PARCOURS DE THESE

Manuel réflexif et pratique

Préface de Rémy Rieffel

L'Harmattan

Cet ouvrage collectif est issu des journées d'études Parcoursic 2007, *Le Parcours d'un jeune chercheur en Sciences de l'Information. Questionnements, méthodes, pratiques*, qui se sont déroulées du 23, 24 et 25 avril 2007 à la Maison des Sciences de l'Homme Paris-Nord.

Nous tenons à remercier les différentes instances ayant soutenu ces journées : l'école doctorale ASSIC (Arts du spectacle, Sciences de l'information et de la communication, ED 267), le laboratoire CIM (Communication, Information, Médias, EA1484) et le centre de recherche CEISME (Centre d'étude sur les images et les sons médiatiques) de l'Université Paris 3-Sorbonne Nouvelle ; le laboratoire CEMTI (Centre d'étude sur les médias, les technologies et l'internationalisation, EA 3388) de l'Université Paris 8-Saint-Denis, le CIES-Sorbonne (Centre d'initiation à l'enseignement supérieur), et enfin la Maison des Sciences de l'Homme Paris-Nord, qui a accueilli cette manifestation.

Cet ouvrage s'inscrit dans le cadre des activités de Parcoursic, association loi 1901 dont le but est de favoriser les échanges entre jeunes chercheurs en Sciences de l'Information et de la Communication (SIC). Cette initiative vise à promouvoir, transmettre et partager les réflexions menées par les jeunes chercheurs, enseignants-chercheurs et professionnels de ce champ disciplinaire, à les réunir autour de questionnements méthodologiques, épistémologiques et pratiques, à mutualiser et décloisonner leurs savoirs et à les rendre accessibles à tous, au-delà des appartenances universitaires et des objets de recherche.

Plus d'informations sur l'association Parcoursic à l'adresse suivante : <http://parcoursic.free.fr>.

5-7, rue de l'Ecole polytechnique ; 75005 Paris

http://www.librairieharmattan.com
diffusion.harmattan@wanadoo.fr
harmattan1@wanadoo.fr

ISBN : 978-2-296-06249-8
EAN : 9782296062498

Préface

Rémy Rieffel

La bibliographie thématique proposée à la fin de ce manuel l'atteste : les ouvrages consacrés à l'art de la thèse, aux méthodes d'enquête en Sciences Humaines et Sociales, à la rédaction d'une recherche, ne manquent pas sur le marché éditorial francophone. A quoi bon dès lors publier un nouveau manuel sur le « parcours de thèse » ? La réponse semble aller de soi : pour offrir aux doctorants un autre éclairage, pour proposer des pistes de réflexion inédites, pour donner des conseils pratiques introuvables ailleurs.

Ce défi ambitieux – renouveler le genre et présenter des données originales – méritait d'être relevé. Il l'a été grâce à l'action entreprise par les responsables de l'association Parcoursic (Camille Laville, Laurence Leveneur, Aude Rouger) auxquelles il faut ici rendre hommage pour la qualité et l'intérêt de leur démarche. Elles ont en effet réussi à faire se rencontrer et dialoguer ensemble des chercheurs chevronnés et de jeunes doctorants ou docteurs (pour la majorité d'entre eux en Sciences de l'Information et de la Communication), dans le cadre de trois journées d'études qui se sont tenues en avril 2007 et dont cet ouvrage est en quelque sorte l'aboutissement. Cette heureuse initiative permet au lecteur de disposer aujourd'hui avec le manuel qu'il a entre les mains, non seulement d'articles de réflexion rédigés par quelques spécialistes reconnus de l'étude des médias, mais aussi de contributions de nombreux étudiants ayant récemment soutenu leur thèse ou dont les recherches sont en cours.

C'est bien la première fois, à notre connaissance, que l'on réunit dans un même ouvrage autant de témoignages, de comptes-rendus et d'analyses venus en quelque sorte du public du système universitaire puisque produits par celles et ceux qui en sont les premiers concernés : les étudiants eux-mêmes. On n'y découvrira donc pas une parole d'autorité, mais une parole incarnée, fruit d'expériences riches et variées vécues par des apprentis-chercheurs. Les futurs doctorants y trouveront ainsi de quoi alimenter leur curiosité intellectuelle et étancher leur soif d'informations ou de conseils particulièrement intense lorsque l'on avance sur les chemins escarpés de la recherche scientifique.

Informations d'autant plus précieuses et utiles que, nul ne l'ignore, le parcours de thèse est un véritable parcours du combattant. Que d'interrogations et de doutes sur la construction de son corpus ! Que d'incertitudes sur la pertinence théorique et méthodologique de son approche ! Le thésard, quel que soit le sujet sur lequel il travaille, passe toujours par d'intenses moments de découragement (parfois aussi, reconnaissons-le, d'exaltation). La recherche est, quoi qu'on en dise, fondamentalement anxiogène et nécessite de tester ses hypothèses et ses idées auprès d'autrui (en l'occurrence le directeur de thèse, des enseignants-chercheurs extérieurs, mais aussi d'autres doctorants). Ce manuel permettra à nombre de thésards – du moins est-ce le vœu que l'on formule – de rompre leur sentiment d'isolement et de prendre conscience que leurs questionnements et leurs hésitations sont largement partagés par d'autres. Il les incitera également, par la confrontation des problématiques et des méthodes proposées, à progresser dans leur propre recherche.

D'ailleurs s'agit-il véritablement d'un simple manuel ? Ou plutôt d'un livre collectif sortant des sentiers battus de la vulgarisation académique ? Une sorte d'ouvrage hybride non encore identifié ? Un manuel, nous dit le dictionnaire, est « un ouvrage didactique qui présente sous un format pratique, maniable, les notions essentielles d'une science, d'une technique, d'un art ». Le lecteur trouvera bien évidemment dans ce livre de telles données, c'est-à-dire une évaluation raisonnée de certains concepts, des considérations argumentées sur les mérites de l'interdisciplinarité, une appréciation précise de l'intérêt de certaines techniques de recherche (constitution d'un corpus, étude d'archives, pratique d'entretiens, etc.). Mais il y découvrira bien davantage encore : des informations et des conseils pratiques généralement disséminés dans divers ouvrages ou sites officiels (le financement d'une thèse, les particularités d'une inscription en cotutelle, les procédures de qualification au CNU), sans oublier des renseignements de première main introuvables ailleurs (le quotidien d'un jeune doctorant bénéficiant d'un poste d'ATER, des réflexions autour du rituel de la soutenance, le vécu du chercheur étranger en France, les caractéristiques de l'entretien de recrutement, les liens entre chercheurs et monde de l'entreprise). Bref, un mélange d'analyses rigoureuses et de récits d'expérience souvent absents de la plupart des manuels traditionnels. Et c'est bien cette volonté de mêler réflexivité, conseils pratiques, récits d'expérience, qui fait le prix – et la saveur – de cet ouvrage si singulier. Il n'est certes pas exhaustif, mais il servira sans aucun doute de guide et d'éclaireur à nombre de futurs thésards.

Ce « manuel » donne en fin de compte à voir la science en train de se faire avec ses avancées, ses hésitations, ses incertitudes. Il témoigne à sa manière de la grandeur de l'art de la thèse qui est aussi apprentissage d'une certaine humilité intellectuelle, école de rigueur, moment de forte créativité et art du bricolage puisque chacun d'entre nous, confronté à un objet et à un terrain particuliers, tente avec plus ou moins de bonheur de construire sa propre méthode de recherche et sa propre réflexion à partir de théories, de concepts, de « boîtes à outils », disponibles sur le marché de la science. Il manifeste à sa manière la vitalité et le dynamisme d'une nouvelle génération de doctorants et de docteurs qui saura – on en prend le pari – porter haut le flambeau de la recherche francophone dans les années à venir.

Introduction

Camille Laville, Laurence Leveneur, Aude Rouger

Tout au long de son parcours, le doctorant se trouve aux prises avec une multitude de questionnements auxquels il lui faut se confronter pour construire sa recherche. Ces problèmes, communs à de nombreux jeunes chercheurs, portent à la fois sur sa thèse (objets, terrains, méthodes), sur sa position dans le paysage national et international de la recherche, sur la légitimité des sciences dont il se réclame, ainsi que sur son avenir au sein de la société à l'issue de ce parcours semé d'embûches.

Notre propos, ici, n'est pas de rassurer un doctorant dont le doute permanent est intrinsèquement lié à sa condition de chercheur. Il s'agit plutôt de mettre au jour un certain nombre d'interrogations propres à son statut, qu'il soit en Sciences de l'Information et de la Communication (comme la plupart des auteurs de cet ouvrage) ou en Sciences Humaines et Sociales, et lui donner ainsi les outils nécessaires à son cheminement, intellectuel ou professionnel.

La particularité de ce manuel réflexif et pratique à l'usage du doctorant est d'accueillir les contributions d'apprentis chercheurs (doctorants ou jeunes docteurs) comme d'enseignants-chercheurs confirmés, à l'image des journées d'études organisées par l'association Parcoursic[1], dont il est issu. Il alterne par ailleurs des textes de réflexion, des témoignages de recherche, des points pratiques, des éclairages et des textes complémentaires, riches des échanges oraux les ayant précédés, qui « dialoguent » entre eux et se répondent.

À travers ce livre, nous avons cependant souhaité dépasser l'édition d'actes de colloque, en publiant un véritable manuel à l'usage du jeune chercheur. Ce projet trouve son origine dans un double constat :

---

[1] Cette manifestation, intitulée « Le parcours d'un jeune chercheur en Sciences de l'Information et de la Communication. Questionnements, méthodes, pratiques » a eu lieu les 23, 24 et 25 avril 2007 à la Maison des Sciences de l'Homme Paris-Nord. Plus d'informations sur l'association Parcoursic : <http://parcoursic.free.fr>.

d'une part la nécessité d'un recul réflexif sur la recherche telle qu'elle s'opère en Sciences de l'Information et de la Communication et, au-delà, en Sciences Humaines et Sociales (en particulier pour les apprentis chercheurs qui y font leurs premières armes) ; et d'autre part la demande très forte exprimée par les doctorants d'informations pratiques, dénuées d'ambiguïtés et accessibles à tous, sur le parcours du jeune chercheur en SIC.

Les trois parties de l'ouvrage témoignent de l'intrication de ces deux « pôles », pourtant *a priori* fort éloignés, dans le travail des jeunes chercheurs et leurs « conditions de recherche ».

Ainsi, la première partie, intitulée « Le parcours initiatique du doctorant », opère un grand écart entre réflexion sur l'écriture (alliée et parfois ennemie du doctorant, elle est un enjeu incontournable de la thèse) et aspects pratiques du « parcours du combattant » auquel est confronté tout apprenti chercheur désireux de mener une carrière universitaire. Sont ainsi évoquées les différentes étapes qui ponctuent le parcours de thèse : le financement, la soutenance, la qualification par le CNU et les entretiens de recrutement qui mènent au poste de Maître de Conférences.

La seconde partie (« Chercheurs en action : objets, terrains, méthodes ») porte sur des questionnements méthodologiques. Elle aborde successivement le choix et l'exploitation du corpus, les méthodes de terrain (enquêtes quantitatives et qualitatives, entretiens, observation participante), et le croisement des méthodes, des objets et des disciplines.

Enfin, une troisième partie (« Relier des mondes ») explore des territoires encore peu visibles de la recherche : le monde de l'entreprise et la recherche à l'international.

Nous espérons que le lecteur trouvera dans cet ouvrage les éléments qui l'aideront à se construire, intellectuellement et de façon pratique, comme chercheur...

Première partie

Le parcours initiatique du doctorant

Chapitre 1

Ecrire : du mémoire de Master à la thèse

Tout au long de sa thèse, le doctorant sera confronté à l'exercice de l'écriture. Face à son ordinateur, il expérimentera tous les sentiments : le plaisir de dire, la crainte d'écrire, la douleur de se relire. La question de l'écriture sera évoquée ici à travers la vision de deux enseignants-chercheurs qui se positionnent à des étapes distinctes du parcours de l'apprenti chercheur (le mémoire de Master et la thèse). Dans leurs textes, point de recettes, ni de conseils *a priori* généralisables, mais deux enseignants-chercheurs qui invitent le doctorant à réfléchir sur sa position d'étudiant face à l'écriture.

Marie-France Chambat-Houillon, Maître de conférences à l'université Paris 3-Sorbonne Nouvelle traite des premiers pas en écriture de l'étudiant. Dans son article, elle revisite trois lieux communs que les étudiants associent à l'écriture. L'écriture n'est pas un moment ponctuel de la recherche, mais doit au contraire accompagner la réflexion tout au long de celle-ci. Elle n'est nullement une activité solitaire mais constitue au contraire une pratique communicationnelle, la question du destinataire du mémoire se posant inévitablement à l'étudiant. Enfin, elle n'est pas non plus un « lieu » où doit s'exprimer la subjectivité du jeune chercheur.

Quant à Frédéric Lambert, Professeur à l'Institut Français de Presse (université Paris 2), il nous entraîne dans un parcours réflexif sur l'écriture en recherche où il convoque tour à tour Michel Foucault, Jürgen Habermas, Roland Barthes, Philippe Lejeune et Michel de Certeau. Un parcours où « bonheur d'écrire », « écriture de soi » et « impartialité négociée » sont les maîtres mots.

L'écriture du mémoire de Master

Marie-France Chambat-Houillon

Il n'est pas rare de constater que dans l'esprit des futurs jeunes chercheurs que sont les étudiants de master, l'écriture du mémoire, communément nommée « rédaction », correspond à la phase « finale », phase ultime du travail de recherche. L'idée sous-jacente étant qu'après avoir retenu une thématique (ou un objet), puis après l'avoir transformée en problématique afin d'élaborer des hypothèses, qui seront validées ou non par l'analyse d'un terrain ou d'un corpus, il suffirait de mettre sur papier les idées jaillissantes constitutives à ces différents moments de la réflexion. L'objectif de mon propos n'est pas de faire un inventaire normatif de ce que doit faire un étudiant en master pour écrire son mémoire, mais consiste plutôt à tenter de remettre en cause trois lieux communs sur l'écriture pour l'aider dans cet exercice. Je vais donc insister premièrement sur le fait que l'écriture ne doit pas apparaître comme un moment ponctuel de la recherche, puis, dans un deuxième temps, qu'elle n'est nullement une activité solitaire telle que le sens commun le prétend et, troisièmement, encore moins un « lieu » où doit s'exprimer explicitement et de façon posée la subjectivité du jeune chercheur.

1. L'écriture n'est pas un moment de la recherche

La perspective de l'écriture évoquée plus haut ne peut conduire qu'à paralyser l'étudiant qui voit dans celle-ci l'étape finale du mémoire (et donc en quelque sorte l'achèvement de son labeur signant sa délivrance). Il pèse alors sur l'écriture la fonction de rendre « matérielles », voire « concrètes » – et l'on sait combien notre époque est friande de cette exigence de réel – des idées, qui sont par définition d'une autre nature. L'écriture semble être la phase démiurgique par excellence puisque sans ces traces écrites couchées sur papier point de mémoire et plus cyniquement, point de diplôme. On comprend alors mieux pourquoi la rédaction entraîne avec elle tant de découragement, tant d'abandon, ainsi surinvestie car mal investie puisque vécue malheureusement comme un simple moment de la recherche signalant l'aboutissement terminal de la pensée.

Pour éviter ces échecs si près du but, revenons sur ce que doit représenter l'écriture face à la réflexion. Les philosophes nous ont mis en garde contre la naïveté de croire que l'écriture, en tant que manifestation langagière, vient après la pensée. Au contraire elle doit non seulement accompagner la réflexion, mais surtout la former. Sinon, on revient à des conceptions qui réduisent le langage (dont l'écriture serait alors une pratique personnelle phénoménale) en un simple outil de transmission de pensées et propos élaborés en notre for intérieur vers l'extérieur, vers l'espace public. Dans cette optique, les idées préexisteraient à toute formulation et se construiraient en dehors du langage. Or, penser ne peut s'affranchir du langage. Seule la langue, dont l'écriture est une pratique *actualisée* rencontrant ainsi, en partie, la définition de la « parole » saussurienne, a cette puissance de conceptualisation qui permet de donner naissance aux idées, d'engendrer une pensée, tout en rendant possible sa communication. L'écriture n'est pas un simple véhicule des idées privées et subjectives, mais participe à sa conception. C'est pourquoi écrire ne vient pas après la pensée, mais est intimement lié à celle-ci : le langage et la pensée sont ainsi consubstantiels comme l'évoque la fameuse citation bien connue de tous attribuée à Hegel, *« c'est bien dans les mots que nous pensons »*, les mots écrits, comme les mots prononcés.

Cette promenade théorique sommaire dans le champ de la philosophie du langage et de la linguistique nous invite, dans la pratique du master, à réhabiliter cette dimension pragmatique de l'écriture. Ecrire permet non seulement de formuler des questions, mais aussi de trouver des réponses. Ainsi pouvons-nous dire, un peu excessivement sans doute, qu'il est impossible de penser efficacement à son sujet de mémoire sans crayon à la main ou sans être proche d'un clavier d'ordinateur. C'est pourquoi il ne faut pas réduire la rédaction à une simple étape finale, mais faire en sorte qu'en tant que pratique inventive et conceptualisante, elle accompagne tous les moments de réflexion du mémoire. Surtout elle ne doit pas se cristalliser en un stade particulier de la recherche. En ce sens, je recommande vivement aux étudiants qui sont sous ma direction d'écrire très rapidement, dès les premières semaines de travail, leurs problématiques et les hypothèses afférentes et pas seulement de me les énoncer à voix haute lors de nos rencontres. La plupart de ceux qui ne s'essayent pas rapidement à cet effort d'écriture font de la rédaction un instant qu'ils repoussent sans cesse. L'écriture devient alors fortement anxiogène. Par ailleurs, un autre argument en faveur d'une dimension pragmatique de l'écriture dès les débuts de la recherche, tient au fait qu'écrire n'est pas chose aisée : plus on s'entraîne, plus des mécanismes rédactionnels se mettent rapidement en place.

2. Ecrire est une pratique communicationnelle

Revenons sur la dimension pragmatique de l'écriture : « quand écrire, c'est penser », pour parodier un titre célèbre[2], et donc « faire » en quelque sorte son mémoire. Cet aspect « pragmatique » de l'écriture, au sens des philosophes du langage ou des sémiologues permet de comprendre que le travail d'un mémoire est aussi une activité de communication et que l'écriture, à ce titre, a un rôle à jouer. De façon générale, l'écriture ne doit pas seulement être le véhicule de l'expression personnelle des pensées de l'étudiant chercheur ; elle doit aussi l'aider à circonscrire sa subjectivité en se préoccupant du destinataire de cette activité de communication. Pourquoi faire surgir la nécessité d'un destinataire dans une pratique qui apparaît de prime abord bien solitaire, celle de l'écriture académique et scientifique ?

La solitude de l'écriture du master est d'autant plus pesante que pour la première fois, dans le champ des études universitaires, l'étudiant doit, de façon quasi autonome, construire son objet de recherche, élaborer une problématique et tenter d'y répondre par un faisceau d'hypothèses. Cette autonomie de la pensée visée dans le master n'est pas un abandon de l'étudiant par les enseignants puisque, selon les composantes, des modalités de suivi sont mises en place. A l'UFR communication de Paris 3, des séances collectives méthodologiques et d'échanges scientifiques cohabitent avec de nombreuses rencontres individuelles, et ce, sans compter les échanges internet que de nombreux enseignants tissent avec les étudiants qu'ils dirigent.

Précisément parce que l'écriture semble être un exercice bien personnel, il ne faut surtout pas que l'élaboration du mémoire prenne la forme d'un soliloque qui est le contraire d'un véritable processus de communication. Le mémoire n'est pas seulement un jeu d'écriture, il se doit d'être aussi un objet de lecture. L'appel au destinataire implique comme l'observe Heinrich von Kleist dans *L'élaboration progressive des pensées dans la parole, La construction graduelle de la pensée par le discours* (1805-

---

[2] Il s'agit évidemment du célèbre ouvrage de J. L. AUSTIN, *Quand dire, c'est faire*, Paris, Points Seuil, 1991 [1970].

06), que la pensée ne peut exister solitairement[3]. Elle s'élabore toujours dans un cadre dialogique validant l'existence d'un interlocuteur dont le rôle est de relancer, appuyer et redéfinir sans cesse les propos qui lui sont adressés. Dès lors l'étudiant est amené à opérer un réajustement interprétatif permanent, transformant le travail académique en un processus communicatif dont un des termes est précisément cet interlocuteur. C'est donc au contact avec autrui que la pensée s'organise.

Quelle est donc cette figure de l'altérité, destinataire de la pensée de l'étudiant-chercheur ? Il va de soi qu'elle ne doit pas être confondue avec un sujet empirique, correspondant peu ou prou au directeur de mémoire (ou tuteur selon les dénominations retenues par les UFR). Comme il y a autant d'interactions diverses (confidente, maïeutique, parfois même impressionnée etc.) que de personnalités différentes, s'engager sur ce terrain de la relation personnelle entre le directeur et l'étudiant n'apporterait rien. Il faut saisir ce destinataire comme un être de discours, une instance de communication, qui n'est pas sans rappeler le fameux lecteur idéal qu'évoque Umberto Eco dans *Lector in fabula*[4]. Cependant définir ainsi la figure du destinataire du mémoire n'est pas une condition suffisante pour que les difficultés de l'écriture s'évanouissent. L'étudiant ne doit pas se laisser piéger par ce concept de destinataire idéal. En effet, U. Eco émet la loi suivante que *« la compétence du destinataire n'est pas nécessairement celle de l'émetteur »*[5]. Ici, ces compétences ne sont pas seulement grammaticales et syntaxiques partant du principe qu'elles sont minimalement partagées entre l'étudiant et le lecteur universitaire. Il s'agit plutôt de compétences sémantiques, symboliques ou de contenu. Dans le cadre institutionnel d'un master, cette loi attribue alors au destinataire un avantage cognitif, à la fois quantitatif et qualitatif, sur l'émetteur, entraînant alors un effet pervers dans l'écriture, effet que l'étudiant doit neutraliser. Le danger est que, confiant dans la compétence scientifique de son destinataire, l'étudiant ne prenne plus la peine d'expliquer les concepts qu'il emploie. Définir un cadre théorique stabilisé est certes une opération délicate et complexe car, par définition, les notions ne cessent d'évoluer dans l'histoire et varient selon les auteurs. Or précisément pour penser il faut aussi rendre compte du

---

[3] Pour de plus amples développements sur cet auteur, se reporter à M.-F. CHAMBAT, A. WALL, *Droit de citer*, Paris, Bréal, 2004.

[4] U. ECO, *Lector in Fabula*, Paris, Livre de poche, Grasset, 1985.

[5] *Ibid.*, p. 64.

caractère dynamique des outils avec lesquels on travaille pour éviter de brandir le concept comme un label scientifique, faisant écran à toute tentative d'explication ou de démonstration.

Par exemple, quand on travaille sur la citation dans les médias, il est impossible d'employer cette pensée de Julia Kristeva, *« tout texte se construit comme mosaïque de citations »*[6], sans l'expliquer, c'est-à-dire sans rappeler la théorie du texte afférente qui permet de comprendre pourquoi l'omniprésence de cette notion de citation a finalement peu de choses en commun avec les modèles du discours rapporté d'une part et la théorie de l'emprunt de l'autre. Ne pas contextualiser dans le cadre théorique idoine les notions a pour conséquence de les rabattre sur le sens commun niant leur spécificité scientifique. Ainsi, l'emploi d'un concept avancé, prenant parfois la forme d'un néologisme ou plus vicieux prenant les traits d'un vocable issu du lexique commun, ne doit pas « court-circuiter » sa définition et l'explication de son rôle dans la démonstration du mémoire.

Dans l'écriture, l'étudiant ne doit pas anticiper l'assurance des connaissances du destinataire, mais doit démontrer les siennes en diminuant au maximum la part du « non-dit » et des présupposés qui se joue dans la coopération interprétative au moment de la lecture. Il le faut d'autant plus que, selon Eco, le texte a une certaine tendance à la paresse *« qui vit sur la plus-value de sens qui y est introduite par le destinataire »*[7]. Or si cette « plus-value » signifiante est agréable, voire recherchée dans la lecture romanesque ou artistique, elle doit être la plus ténue possible (pour ne pas dire tendre à l'inexistant), la plus maîtrisée qui soit par l'étudiant dans le cas du mémoire. En aucun cas, il ne revient au lecteur de pallier les éventuelles vacances argumentatives ou sémantiques du mémoire. Cela a donc forcément des répercussions sur le style de l'écriture. Elle ne doit être ni péremptoire, ni affirmative, mais souligner davantage la démonstration et la qualité argumentative des propos. Autrement dit, l'écriture doit permettre d'apprécier la construction de la pensée. Ainsi de façon générale, dans un premier temps, du point de vue de l'écriture, l'évaluation des mémoires privilégie davantage les compétences argumentatives et analytiques employées, et dans un second temps l'exposition des résultats trouvés quelle que soit la discipline d'ancrage principale retenue (histoire, sociologie, sémiologie, etc.). Pour

[6] J. KRISTEVA, *Sémeiotiké : recherches pour une sémanalyse*, Paris, Seuil, 1969, p. 85.
[7] *Op. cit.*, p. 63.

le dire autrement, le contenu des résultats arrive au second plan – mais cela ne veut surtout pas dire qu'ils sont négligeables – et le destinataire sera plus sensible à la façon dont l'étudiant parvient à ces résultats au moyen du jeu de l'argumentation, de la démonstration et de l'analyse. Sur cet écart des priorités se greffe la différence d'exigence attendue entre le mémoire de master et la thèse de doctorat. Dès lors, l'écriture du mémoire se doit de rendre compte du parcours de réflexion de l'étudiant, en évitant toutefois de créer une homologie entre les étapes effectives de la recherche et le plan du mémoire. La première partie rédigée du mémoire ne correspond pas forcément – et ne doit surtout pas correspondre – au premier moment de réflexion.

Comme le mémoire de master n'est pas une thèse, afin de satisfaire ces exigences, ma préférence va donc vers une écriture ayant une fonction didactique assumée plutôt qu'esthétique ; certainement plus concise, moins métaphorique et donc inévitablement parfois plus « lourde ». Mais l'étudiant aura alors saisi que bien que le mémoire soit une pratique communicationnelle, même en SIC, une écriture médiatique n'est pas recommandée. Pas de confusion des genres, ni des situations de communication : écrire un mémoire n'est pas semblable à une pratique journalistique. Il ne faut donc pas se tromper de tonalité, d'« éthos » ni même « d'aire sociale » pour reprendre, en lui tordant un peu – beaucoup – le cou, le concept de Roland Barthes[8].

3. Ecriture et subjectivité

Pour continuer sur la tonalité de l'écriture, je terminerai par répondre à une question qui m'a été maintes fois posée : « faut-il dire "je" » ? ou plus exactement « peut-on dire "je" » ? Il serait angélique de penser que cette question porte exclusivement sur la présence effective du pronom personnel de la première personne du singulier dans le mémoire. Je l'élargirai donc à la part admise de la subjectivité par l'étudiant dans une réflexion se voulant scientifique.

[8] Dans *Le degré zéro de l'écriture*, R. Barthes parle du style (l'éthos) comme un *« secret »*, *« enfermé dans le corps de l'écrivain »* (p. 178). Le secret est à l'opposé d'un processus de communication réussie comme doit l'être un mémoire. Par ailleurs, *« l'écriture est donc essentiellement la morale de la forme, c'est bien le choix de* l'aire sociale *au sein de laquelle l'écrivain décide de situer la Nature de son langage »*. R. BARTHES, *Le degré zéro de l'écriture* (1953), *Œuvres complètes*, Paris, Seuil, 2002. C'est moi qui souligne.

La théorie polyphonique de l'énonciation, notamment celle de O. Ducrot[9], permet de comprendre que cette dimension subjective de l'écriture peut apparaître doublement, plus exactement en deux « lieux » distincts du discours. D'une part de façon traditionnelle et classique, la subjectivité d'un texte construit et signale la présence d'un locuteur, en tant que celui qui écrit et qui a donc l'occasion d'employer le « je ». Il s'agit d'une subjectivité posée ponctuellement, explicite et directe. D'autre part, la subjectivité peut être se révéler sans l'aide du pronom. Elle est alors plus diffuse et opère en construisant un énonciateur assumant un point de vue. Théoriquement l'énonciateur n'a pas forcément les traits du locuteur. Le locuteur est responsable des écrits en tant qu'ils sont produits sur papier. Se joue alors le fait que la valeur « subjective » des propos tenus doit apparaître crédible, c'est-à-dire authentique, sincère et réelle. Sinon le mémoire relève d'un plagiat, condamnable moralement et juridiquement, puisqu'on fait passer pour sienne les idées d'autrui. Si ces conditions ne sont pas remplies, on assiste à un vol d'idées, à un détournement de la garantie d'être en présence du locuteur « original » des énoncés lus.

Plus difficile pour l'étudiant débutant dans la recherche, mais ô combien plus pertinent, est le moment où le locuteur suggère la présence d'un énonciateur, en tant qu'instance discursive abstraite. A la différence du locuteur cautionnant le « matériel linguistique » et les « inscriptions » sur le papier, l'énonciateur est responsable du ou des points de vue articulés tout au long de la réflexion du mémoire. L'énonciateur se distingue du locuteur par l'attitude énonciative qui consiste à prendre position par rapport à un contenu en s'exprimant *« à travers l'énonciation sans que pour autant on [lui] attribue des mots précis »*[10]. Ce ou ces points de vue assumés apparaissent comme une forme de subjectivité fondue et irradiante à travers l'ensemble du texte que l'étudiant doit apprendre à maîtriser. Autant que la responsabilité locutoire, l'énonciation est une estrade subjective que doit occuper l'étudiant.

Mais, cette manière pour l'étudiant de prendre place en tant qu'instance énonciative par et dans l'écriture n'est pas facile à mettre en œuvre ; en particulier, dans l'exercice imposé de l'état de la question. Ce passage obligé du mémoire qui consiste à faire une synthèse de tout ce qui a déjà été dit sur un même sujet aboutit trop souvent à une liste de

---

[9] O. DUCROT, *Le dire et le dit*, Paris, Minuit, p. 171 et suivantes.
[10] *Ibid.*, p. 104.

propos générant un « effet catalogue » à la lecture. Cet état de la question n'est alors pas habité par la *voix* de l'étudiant. Or précisément cette étape indispensable du mémoire a pour objectif de permettre au jeune chercheur de baliser son champ de souveraineté théorique, en adoptant le point de vue de quelques auteurs, en insistant sur certaines proximités ou bien, au contraire, en se démarquant d'autres penseurs. Ce travail de commentaire et de critique des propos d'autrui offre un lieu dans lequel l'énonciateur peut s'affirmer. Un mémoire qui présente un ou des points de vue élabore une réflexion individuelle dont le caractère particulier ne s'exprime pas forcément dans la création de concepts originaux mais dans l'organisation et l'articulation de ceux-ci.

Dans un mémoire, l'idéal est que l'énonciateur épouse le locuteur. Autrement dit que l'étudiant donne son point de vue sur le sujet retenu. Ce qui ne veut pas dire que la construction d'un point de vue ne puisse s'élaborer sans l'aide d'autres auteurs et d'autres voix, celles-ci intervenant dans la majorité des cas via le protocole de la citation. Bien au contraire en citant, s'il respecte les conventions de l'emprunt, l'énonciateur ne se cache pas derrière les idées d'un autre penseur, mais montre qu'il adopte ou non un point de vue similaire. C'est pourquoi, les citations doivent toujours faire l'objet d'un commentaire dans l'écriture et ne doivent jamais arriver sans escorte critique afin que l'énonciateur puisse montrer quelle place réflexive il s'autorise à prendre à côté des auteurs et penseurs qu'il convoque. Sinon, la citation devient soit un argument d'autorité, soit une coquetterie intellectuelle décorative qui, dans les deux cas, dessert le projet scientifique du mémoire.

Conclusion

Qu'est-ce qu'un bon mémoire de master en SIC ? Il est difficile de répondre à cette question de façon exhaustive. J'ai donc préféré mettre en lumière trois perspectives : c'est un mémoire qui se nourrit dans son élaboration de la dimension pragmatique de l'écriture et qui fait de ce travail une activité communicationnelle valorisant sur le plan de l'écriture davantage l'acte d'énonciation que le seul contenu propositionnel des énoncés inscrits.

L'écriture en recherche[11]

Frédéric Lambert

Pas un mot donc de méthodologie, ni une phrase sur les problématiques, ni même l'évocation de la circonférence des corpus. Pas un mot sur les plans et la régularité avec laquelle ils évoluent. C'est en profondeur que j'aimerais traiter de l'écriture, cette profondeur d'où surgissent brutalement nos fragilités et nos plaisirs, ce lieu aussi où se dessinent nos rapports à l'autre et la liberté que nous lui prêtons, échos de notre propre liberté.

Avant d'aborder en cinq points l'écriture *en* recherche qui conditionne l'écriture *de* la recherche, peut-être faut-il évoquer ce que le chercheur souhaite trouver, sinon entrevoir ? Pour ma part, la perspective d'une thèse en sciences de l'information et de la communication doit toujours être celle d'une réflexion politique. Nous ne pouvons travailler hors des représentations des rapports sociaux et des systèmes politiques de la société qui est la nôtre. Nos sciences de l'information et de la communication sont des sciences de l'homme et de la société, elles sont des humanités prises dans le social : elles se tissent et se disent dans le politique.

Et puis nos objets sont vivants, les langues médiatiques sont des langues vivantes : images, textes, pictogrammes s'enrichissent mutuellement dans un concert de voix multiples. Les mots que nous devons choisir s'en ressentent. Ils rencontrent les mots de l'urgence médiatique, les énoncés de la simultanéité et de l'immédiateté, de l'information et de la communication, les mots des faits et de leurs fictions. Prise par le bruit des langues médiatiques le cœur de nos sciences se met à battre un peu trop fort. Nos objets vivants font que nos sciences sont vivantes. Leurs langues alors prennent racine dans le social et les quotidiens des formes symboliques que nous partageons. Sciences vivantes, les sciences de l'information et de la communication ne peuvent être dogmatiques.

Les sciences de l'information et de la communication autorisent des parcours pluriels. Les objets là encore nous obligent à nous déplacer :

---

[11] Ce texte a fait l'objet d'une précédente publication en 2007 aux éditions Parcours(sic) (F. LAMBERT, *L'écriture en recherche*, Paris, Parcours(sic) éditions, 2007, 48 p).

le droit, l'économie, l'histoire, la sociologie et la sémiologie, l'anthropologie et les sciences politiques, la philosophie et la littérature (oui, on peut envisager les textes médiatiques comme des écritures littéraires) ne s'opposent pas. Sémiologue, je ne saurais ignorer leurs propositions. Les langages à l'ouvrage sont au centre de mes problématiques, et je ne peux les penser sans comprendre les contextes de leurs productions, ni les contextes de leurs réceptions.

Drôle de paysage. C'est pourtant bien dans ces territoires multiples et changeants que nos écritures doivent se concevoir. Pour penser l'écriture de la thèse, je propose le cheminement suivant :

1- A partir d'une réflexion de Jürgen Habermas sur la question de l'herméneutique, j'aimerais évoquer combien en sciences sociales et humaines l'auteur de la thèse n'est jamais objectif et combien il doit jouer de sa position paradoxale dans le cadre d'une *impartialité négociée.*

2- En reprenant les travaux de Michel Foucault, j'aimerais évoquer *l'ordre du discours* de la thèse et la part de liberté que cet exercice prête à son exécutant.

3- En évoquant les travaux de Roland Barthes, et la distinction qu'il fait entre *écrivains* et *écrivants*, j'aimerais placer le sujet écrivain au cœur de la réalisation de la phrase et de son équilibre.

4- En plaçant le sujet écrivain et le contexte de son autorité dans la perspective de l'écriture, j'aimerais dire combien toute recherche est un autoportrait et une *autobiographie*, un temps passé avec soi-même, une auto-analyse où les relations de pouvoirs et d'enfances ressurgissent avec plus ou moins de brutalité. Je ferai référence aux travaux de Philippe Lejeune.

5- Mon cinquième point sera alors un dernier détour vers le lecteur. Comment nous lui donnons figure, quel imaginaire nous en avons, comment nous lui parlons, quelle relation nous entretenons avec lui ? Ecrire pour l'autre est un apprentissage quotidien. Que veut-on prouver ? A quel père symbolique nous adressons-nous ? A quel complice faisons-nous part de nos recherches et de nos doutes ? Et comment notre suffisance, cette place du savoir supposé face à l'autre ignorant pointe-t-elle déjà ? Avec Michel de Certeau, nous appellerons le lecteur et sa liberté de braconner dans nos textes. Ainsi naissent les relativités de nos écritures.

1. L'impartialité négociée

Entrer en recherche implique deux facultés : l'interprétation du monde que j'observe, et l'interprétation des textes de la littérature scientifique qui parlent de ce monde. La recherche est une observation. Elle se poursuit par une interprétation, elle tend vers la compréhension partagée de questions concernant notre présence au monde. Or voici ce qu'écrit Jürgen Habermas dans *Morale et communication* [12] à ce propos : *« En fait l'interprète, du fait de son engagement inévitable dans le processus de compréhension dispose par là même, des moyens de maintenir, de l'intérieur, une position* ***d'impartialité négociée*** *».*

Maintenir, de l'intérieur, une position d'impartialité négociée ? J'entends là un lieu qui résonne de subjectivités avouées. Le chercheur n'est jamais un être dont l'écriture serait neutre. Il y a toujours, nous le savons, de la subjectivité dans le langage. Et il me faut maintenir, dans cet intérieur de l'écriture, dans le secret de cette alcôve d'où j'observe et interprète le monde, ma part de je. On pourrait entendre aussi : « ma part de jeu ». Cette part de subjectivité n'est pas l'abandon de l'entreprise scientifique. Elle est son ouverture. Elle est l'aveu lucide qu'il faut négocier notre impartialité et faire l'aveu de nos histoires, de nos récits, ceux qui nous font voir le monde et l'écrire autrement qu'un autre. Ce conflit contenu dans l'écriture de la recherche, entre le je partial et le fantasme de vérité scientifique impartiale, peut produire, si elle n'est pas avouée, une écriture schizophrène. Autant dire le conflit pour l'apaiser plutôt que le taire et l'ignorer. L'observation des objets analysés déjà porte ses marques de partialité. L'interprétation par définition est partiale. Le chercheur témoigne de sa vitalité en matière de négociation ! Celle-ci se dit dans l'écriture. Elle est son fondement.

Nous voilà alors au cœur de l'herméneutique, car tout chercheur doit réinventer chaque jour sa position de traducteur. Jürgen Habermas décrit le travail de l'herméneutique comme suit : *« L'herméneutique a à prendre en charge simultanément la relation triple qui réside dans les énoncés a) comme expression de l'intention d'un locuteur ; b) comme expression en vue de l'établissement d'une relation interpersonnelle entre le locuteur et l'auditeur ; c) comme expression à propos de quelque chose existant dans le monde. En outre, l'effort pour expliquer la signification d'une expression nous place devant une quatrième relation,*

---

[12] J. HABERMAS, « Les sciences sociales face au problème de la compréhension », *Morale et communication*, Paris, Champs Flammarion, 1986, pp. 41 à 54.

intralangagière ou linguistique, qui réside entre une expression donnée et la foule de toutes les expressions possibles qui pourraient être faites dans la même langue »[13].

Je me permets de traduire pour les non linguistes. Tout chercheur, selon l'hypothèse posée plus haut, est inévitablement placé dans le paradigme de l'herméneutique : observation, interprétation, compréhension. Il doit donc prendre conscience de la griffe qu'il laisse dans son texte et qui marque ses intentions. Il doit exprimer la place qu'il occupe face à l'observation du monde. Il doit penser les relations qu'il tisse entre sa présence dans le texte et la présence du futur lecteur. Il s'engage à donner les termes de la promesse qu'il fait au lecteur prise dans le double horizon de la méthode universitaire et du constat de partialité. Enfin, il doit faire l'aveu des choix qu'il fait parmi les mots et parmi les textes qu'il cite. Je sais : on ne peut écrire, penser à ce que l'on écrit, et dire comment on l'écrit en même temps. On ne peut convoquer simultanément le travail de l'observation, le travail de l'interprétation et le travail de la traduction. Pourtant, le moment de l'écriture improvise simultanément dans ces trois champs. Dans l'écriture, surgissent nos pensées, se manifestent nos méthodes, nos adresses au lecteur, et comme un là dans l'écriture se dit qui nous sommes. Dans la négociation entre notre partialité et notre impartialité, nous donnons au lecteur sa liberté et acceptons par avance sa liberté de jugement. Le texte scientifique, pris dans l'énoncé de la rhétorique de l'objectivité, proposerait-il un monde d'où une seule vérité pourrait surgir, définitive ? Non. Le texte scientifique, pris dans l'énonciation du processus de la recherche et de l'écriture qui l'accompagne propose l'ouverture d'un débat. « L'herméneutique » écrit Jürgen Habermas, *« observe pour ainsi dire le langage au travail c'est-à-dire tel qu'il est utilisé par les participants pour accéder à la compréhension commune d'une chose, ou pour atteindre une même manière de voir »*. Cette *même manière de voir* se réfère aux trois fonctions du langage : la reproduction culturelle, l'intégration sociale, la socialisation.

Résumons : tout chercheur est placé, par définition, dans une position d'où il ne peut faire abstraction de l'herméneutique. Il sait que l'observation des objets qu'il analyse ne peut être impartiale. Il sait que dans l'écriture, son impartialité supposée doit se négocier. Il s'expose et dit la place qu'il occupe dans *sa* langue. Mais il sait que sa langue est celle d'une communauté, et qu'il s'y installe pour être reconnu, il sait qu'il

---

13 *Ibid.*, p. 45.

reproduit avec ses pairs les limites et les desseins qu'ils se doivent de partager à un moment de leurs histoires communes.

Oui, je veux bien le concéder : tout cela alourdit copieusement le stylo. Mais la main certainement s'en trouvera plus habile.

2. L'ordre du discours : la liberté contrainte

En nous installant physiquement et intellectuellement dans la rédaction de la thèse, nous sommes pris dans des « procédures de contrôle et de détermination du discours ». Nous sommes surveillés, et nous serons punis pensons-nous si nous ne respectons pas l'ordre du discours de la thèse. Du résumé de trois cents mots à la mise en place de la table des matières, nous sommes pris dans des traditions académiques. Ce que doit dire l'introduction, la cohérence des enchaînements selon une théâtralité de la causalité que doit montrer le plan, les perspectives que doit dessiner la conclusion... autant de normes données par l'institution universitaire. Or, l'écriture est un acte de liberté. Si cette liberté est surveillée, contrainte, un étrange sentiment naît en nous : qui suis-je ? Comment je me défais du *Père*, comment je me vends à l'institution... Mais aussi : à quelle communauté de chercheurs j'appartiens, comment me conformer aux injonctions de l'écriture universitaire de mon sérail, quels signes donner de mon allégeance. La discipline, écrit Michel Foucault dans *L'ordre du discours « est un principe de contrôle de la production du discours. Elle lui fixe des limites par le jeu d'une identité qui a la forme d'une réactualisation permanente des règles. On a l'habitude de voir dans la fécondité d'un auteur, dans la multiplicité des commentaires, dans le développement d'une discipline comme autant de ressources infinies pour la création des discours. Peut-être, mais ce ne sont pas moins des principes de contraintes ; et il est probable qu'on ne peut pas rendre compte de leur rôle positif et multiplicateur, si on ne prend pas en considération leur fonction restrictive et contraignante »*[14].

Aussi le chercheur devrait-il penser à ce qu'il ne peut pas dire, aux formes et aux règles qu'il doit respecter, à la liberté contrainte dans laquelle il s'installe. Toute écriture devrait évoquer les mailles dans lesquelles elle est prise ou le tissu de normes dans lequel elle puise sa légitimité. Mais cet aveu suffit-il ? J'aimerais que chaque texte puisse dire, à un moment de son élaboration, ce qu'il ne dit pas, ce qu'il ne peut dire, ce qu'il ne sait pas.

---

[14] M. FOUCAULT, *L'ordre du discours*, Paris, Gallimard, 1971.

Nous sommes dans l'écriture de la recherche pris dans la généalogie de notre famille scientifique. Dans le texte que j'écris ici, j'ai choisi volontairement des valeurs sûres : Jürgen Habermas, Michel Foucault, Roland Barthes, Philippe Lejeune, Michel de Certeau… J'avoue : de vieux airs de familles. Des codes d'entrées en légitimité. Mais ce qu'ils disent me va bien. Je m'identifie à travers eux. N'y suis-je pas à l'étroit ? Oui. Mais ce n'est pas une étroitesse de vue, ce sont des repères : à moi d'ouvrir d'autres perspectives, et d'aller chercher des insoumis.

« Lorsqu'il met au jour les sources d'un tableau, l'iconologue en réalité n'a fait qu'une partie du chemin. Il faut aussi mettre au jour les contre-sources »[15], écrit Georges Didi-Huberman. De même pour le chercheur : il devrait toujours aller chercher ses *contre-sources* comme une discipline de l'esprit. Les textes d'une nouvelle généalogie, pris ailleurs. Et pourquoi pas jusqu'à la fiction ?

« A mesure qu'ils progressent, leurs lampes de pierre à la main, à la lumière tremblotante des mèches de genévrier consumant en petites flammes orangées de la graisse animale, explorant les veines et les artères du grand corps de la terre, ils voient s'animer des ombres sur la paroi. Ils ne rêvent pas tout de même. Ça s'agite, là, derrière. Bientôt ils en sont convaincus. Un peuple est là, en attente, en gestation. Dans ce renflement de pierre, comme le pied d'un bébé formant une bosse sur le ventre d'une femme, ils reconnaissent le sabot d'un bison, dans cette découpe du rocher l'encolure d'un cheval, dans ce poing de silex planté dans le calcaire la paupière d'un vieux mammouth, et tiens, cette dépression de la roche, on y logerait une vache entière. Maintenant qu'ils sont persuadés que la terre porte en son sein un fabuleux bestiaire, ils vont procéder à une ingénieuse radiographie de la roche. Place aux artistes. A charge pour eux de retrouver et de démêler les traits de ce grouillement souterrain »[16].

C'est en ces mots que Jean Rouaud raconte les peintures de la grotte de Lascaux. J'ai bien lu les textes d'André Leroi-Gourhan sur l'énigme de ces images dont on soupçonne qu'elles racontaient une histoire, un mythe, favorisaient un rituel : *« Mythologie et graphisme multidimensionnel sont d'ailleurs normalement coïncidents dans les sociétés primitives et si j'osais user du strict contenu des mots, je serais tenté d'équilibrer la mytho-logie qui est une construction pluridimensionnelle reposant sur le verbal par une mythographie qui en est le strict correspondant manuel »*[17]. J'ai bien lu aussi les

---

15 G. DIDI-HUBERMAN, *Ouvrir Vénus. Nudité, rêve, cruauté*, Paris, Gallimard, Collection Le temps des images, 1999.

16 J. ROUAUD, *Préhistoires*, Paris, Gallimard, 2007, pp. 69-70.

17 A. LEROI-GOURHAN, *Le geste et la parole, Technique et langage*, Paris, Albin Michel, 1964, p. 272.

propositions que fait Georges Bataille dans *Les larmes d'Eros*. Dans *La mort au fond du puits* de la caverne de Lascaux il écrit notamment : *« ...je retrouve, au plus profond de la caverne de Lascaux, le thème du péché originel, le thème de la légende biblique ! la mort liée au péché, liée à l'exaltation sexuelle, à l'érotisme ! »*[18]. Je sais la prudence de Jean Clottes et David Lewis-Williams quand ils proposent une approche sensible de ces « premières images » autour du chamanisme, de la transe et de la magie dans les grottes ornées[19]. Mais Jean Rouaud n'est-il pas aussi dans la recherche scientifique ? Si la science est cet effort de la compréhension, cet aveu de l'interprétation, la fiction finalement n'y participe-t-elle pas ? Plus loin donc que de la reconnaissance des pairs, l'écriture en recherche doit se libérer par moment de l'ordre du discours.

L'exercice académique est salutaire, il impose la rigueur, rend habile, établit une démarche, offre des typologies, s'installe dans une ou des méthodologies. Il ne s'agit pas de blâmer cet apprentissage. Mais de dire ses limites. A une étudiante qui me fait remarquer : « Vous pouvez vous permettre cette liberté, vous êtes Professeur » je réponds : « j'attends de toute thèse la rigueur académique de sa démarche et la liberté prise en son sein ».

3. Et même quand j'affirme j'interroge encore

L'écrivain accomplit une fonction, l'écrivant une activité, nous dit Roland Barthes. *« Ce n'est pas que l'écrivain soit une pure essence : il agit, mais son action est immanente à son objet, elle s'exerce paradoxalement sur son propre instrument : le langage ; l'écrivain est celui qui travaille sa parole (fût-il inspiré) et s'absorbe fonctionnellement dans ce travail [...] L'écrivain est un homme qui absorbe radicalement le pourquoi du monde dans un comment écrire et le miracle, si l'on peut dire, c'est que cette activité narcissique ne cesse de provoquer, au long d'une littérature séculaire, une interrogation au monde : en s'enfermant dans le comment écrire, l'écrivain finit par retrouver la question ouverte par excellence : pourquoi le monde ? Quel est le sens des choses ? »*[20].

Alors ? Certains jours (les jours vrais ?) je suis persuadé que l'on ne peut être qu'écrivain. Que nul ne saurait s'abstraire de cet « état », amoureux de la langue. Que personne ne peut écrire hors d'une pensée sur

18 G. BATAILLE, *Les larmes d'Eros*, Paris, 10/18, Jean-Jacques Pauvert, 1971, p. 62.

19 J. CLOTTES, D. LEWIS-WILLIAMS, *Les chamanes de la Préhistoire, transe et magie dans les grottes ornées*, Paris, Seuil, 1996.

20 R. BARTHES, *Essais critiques*, Paris, Seuil, Collection Points 1981, p. 148.

l'écriture, et que celle-ci en effet est constitutive de l'acte d'écrire. Aucun texte ne saurait éviter son écriture ! Pire : il n'y a pas de texte qui ne puisse dire comment il se dit. On appelle cela le métalangage : le langage sur le langage, l'écriture sur l'écriture, le mot sur le mot. Attention : cette idée n'a rien à voir avec une ontologie de la langue (un coucou s'appelle coucou parce qu'il fait coucou). Elle est même son contraire : un mot se prend dans la saveur de la traduction du monde qu'il propose, dans l'arbitraire de son vocable, dans l'acte même de le choisir lui plutôt qu'un autre. Or, le comment écrire ne dit pas *voici le monde*, il dit, *comment le monde ?* Il dit comment l'entendre, il dit comment le comprendre, comment le dire. C'est cela la littérature, nous disait Roland Barthes : *« De ce qu'il n'y a point de parallélisme entre le réel et le langage, les hommes ne prennent pas leur parti, et c'est ce refus, peut-être aussi vieux que le langage lui-même, qui produit, dans un affairement incessant, la littérature »*[21]. Je ne résiste pas (résister, ce mot je le choisis) à citer cette autre définition : *« Cette tricherie salutaire, cette esquive, ce leurre magnifique, qui permet d'entendre la langue hors pouvoir, dans la splendeur d'une révolution permanente du langage, je l'appelle pour ma part :* littérature *»*[22].

Tout doux, me direz-vous, nous sommes en thèse ! Et vous donnez là des armes à ceux qui nous accusent de n'être pas scientifiques et de faire, justement (et là il faut serrer les dents et l'esprit pour prononcer ce mot) de la « littérature ». Serrez les poings : la science s'écrit, elle n'est jamais tombée du ciel, et le monde, s'il tourne, c'est dans nos mots. La terre tourne autour du soleil, la terre tourne sur elle-même. Des savants ont pris ce risque et par des ignorants qui croyaient tout savoir ils ont été condamnés à mort. Mais la terre, je le redis, si elle tourne, c'est dans nos mots. *« Les écrivants, eux, sont des hommes "transitifs" ; ils posent une fin (témoigner, expliquer, enseigner) dont la parole n'est qu'un moyen ; pour eux, la parole supporte un faire, elle ne le constitue pas. Voilà donc le langage ramené à la nature d'un instrument de communication, d'un véhicule de la "pensée". Même si l'écrivant apporte quelque attention à l'écriture, ce soin n'est jamais ontologique : il n'est pas souci [...] L'écrivant considère que sa parole met fin à une ambiguïté du monde, institue une explication irréversible (même s'il l'admet provisoire), ou une information incontestable (même s'il se veut modeste enseignant) ; alors que pour l'écrivain, on l' a vu, c'est tout le contraire : il sait bien que sa parole intransitive par choix et par labeur, inaugure une ambiguïté, même si elle se donne pour péremptoire, qu'elle s'offre paradoxalement comme un silence monumental à*

---

21 R. BARTHES, *La leçon*, Paris, Seuil, p. 22.
22 *Ibid.*, p. 16.

déchiffrer, qu'elle ne peut avoir d'autre devise que le mot profond de Jacques Rigaud : et même quand j'affirme, j'interroge encore »[23].

L'*écrivant* ? Nous le sommes tous. Je dirais même que nous sommes dans une société qui accepte cet état d'anonymat de la langue d'où le sujet s'absente. Anonymat de l'énoncé journalistique, de la langue de l'information donnée dans le « professionnalisme » des codes de la neutralité, de l'objectivité. Anonymat de la langue politique, quand on entend les « secrets de fabrication » de la parole d'un candidat prise dans les stratégies de la communication. Anonymat des mots face aux images de nos langues vivantes audiovisuelles, où la phrase ajoute à la rhétorique du surgissement du réel télévisuel la caution de sa provenance sans auteur mais autoritaire. Anonymat paradoxal de ces livres qui s'écrivent dans les cadres de l'industrie culturelle, collections d'idées fabriquées dans les bureaux des politiques éditoriales, commandes financées sans pensées, sinon celles, arriérées, de la publicité et de ses promesses de profits. L'écrivain n'est plus puisque le monde que nous nous offrons chaque jour dans les écritures des médiacultures est donné tel quel, sans l'aveu des traductions qu'il induit. Ce réquisitoire n'est pas celui de la critique des médias, il n'appartient pas non plus à la rhétorique de la dénonciation des manipulations dont nous serions victimes. Il s'agit pour moi de quelque chose de plus grave : nous avons abandonné l'écriture aux marchands. Nous avons accepté que son usage soit industrialisé. Aurions-nous oublié le sujet du langage ? Aurions-nous oublié les droits d'écrire hors la langue du pouvoir ? Je dis non, trois fois non, non, non, je dis qu'il faut jouer avec les mots pour donner à la pensée, celle de celui qui écrit et celle de celui qui lit, des doutes, des surprises. Verrait-on ici poindre de la vanité qu'il faudrait immédiatement s'en défaire. L'écrivain est un charlatan, et lui sait le dire. L'écrivant un exécutant qui ne dit pas toujours pour qui sa plume tranche, ni quelles blessures son exécution lui laissent.

4. L'écriture de soi

Tout rédacteur de thèse devrait méditer ces lignes de Paul Valery : *« Je m'excuse de m'exposer ainsi devant vous ; mais j'estime qu'il est plus utile de raconter ce qu'on a éprouvé, que de simuler une connaissance indépendante de tout observateur. En vérité, il n'est pas de théorie qui ne soit un fragment, soigneusement préparé, de quelque autobiographie ».*

---

[23] R. BARTHES, *Essais critiques*, Paris, Seuil, Collection Points 1981, p. 151.

J'en suis moi-même persuadé : aucun sujet de thèse n'est choisi au hasard, et nous ne sommes pas libres devant ce choix. Les problématiques que nous exposons cachent une part de notre biographie, et portent ainsi l'écriture de la recherche vers les sentiers de l'autobiographie. Mais il faut modérer les bienfaits de ces écritures de soi tissées dans les écritures de la sagesse scientifique.

Je pourrais à l'envi raconter quelques adéquations pour le moins étonnantes entre l'auteur et sa recherche. Voilà quelques années, une étudiante en maîtrise me propose un sujet sur la représentation des femmes enceintes dans la publicité. Beau sujet. « Je suis moi-même enceinte » me dit-elle. Formidable. « Et je suis mannequin ». J'acquiesce, elle est très belle. Je lui fais part alors de mon doute : son étude ne sera-t-elle pas occultée par son euphorie ? Pourra-t-elle prendre assez de distance critique face à son objet d'étude ? Et moi-même serais-je impartial devant tant de vie ? Elle n'en démordra pas. Certes, ces concordances, en thèse, arrivent rarement. Pourtant, c'est très *naturellement* que l'on me propose de diriger des recherches qui portent en elles les échos d'une part autobiographique. Comment faire autrement ? Je demande simplement qu'on se le dise : que ce *naturellement* doit faire l'objet d'une réflexion. C'est dans cette reconnaissance de la part autobiographique de nos sujets de recherches que l'on peut libérer l'écriture.

Autre préoccupation : nos histoires individuelles sont façonnées par les histoires collectives. Nos actualités, récits communs partagés sur les scènes médiatiques, sont évaluées, savourées, par nos présents individuels et nos expériences passées. Mais : les grands récits du bien collectif d'hier, les idéologies politiques et scientifiques d'hier qui dessinaient de (trop ?) grandes perspectives se sont fragmentés en mille petits récits du moi. Le récit autobiographique limité à un récit du moi semble être devenu la matière et la manière de nos expressions collectives. Et là, c'est le chemin inverse qu'il faut prendre : non pas libérer l'écriture de la recherche du pacte autobiographique qu'elle porte en elle, mais au contraire tenir le texte hors de la puissance de feu narcissique de nos industries culturelles, tenir le texte loin de *« l'invasion de la société par le moi »*[24].

Entre l'écriture du moi qui promeut l'individu dans la vanité de lui-même et dans un aveuglement narcissique qui ne lui laisse pas entrevoir

---

[24] C. LASCH, *La culture du narcissisme*, Paris, Champs Flammarion, 2006.

l'autre, et l'écriture de soi, qui témoigne de la place du sujet interprétant, Philippe Lejeune ironise : *« Il y a des mots mal sonnants, qu'on hésite à employer à l'université et encore plus dans les milieux littéraires : "autobiographie" et "témoignage" sont plus au moins à l'index. [...] l'autobiographie, c'est pas bien. Moralement, c'est un vice (narcissisme, etc...).Psychologiquement, c'est une erreur (impossible de se connaître). Esthétiquement, c'est une facilité, ce n'est pas de l'art. Tandis que "écriture de soi", ça a une autre allure. S'il y a "une écriture de soi", où s'arrête-t-elle ? Où commence l'écriture du non soi ? Qui décide qu'un texte appartient à l'écriture de soi ? L'auteur ou le lecteur ? »*[25].

Délicates questions. L'opprobre attachée à l'autobiographie est en effet culturellement motivée aujourd'hui par l'usage que font du *je moi* les industries culturelles, médias compris. Et pourtant, nous ne pouvons plus accepter les discours scientifiques et dogmatiques de l'objectivité qui ont écrit quelques pages on ne peut plus sombres de nos histoires. En sciences humaines et sociales aujourd'hui, penser la part de l'écriture de soi dans l'expression d'une thèse me semble légitime : je est un autre, je avec l'autre, je à côté de l'autre, qui s'accompagnent. Où s'arrête-t-elle ? Où commence-t-elle ? Entre l'énoncé de la méthode (le dit du scientifique) et l'énonciation de la place du sujet dans le travail de l'herméneutique (le dire de la part subjective) les frontières ne sont pas imperméables. Il y a comme une circulation du sujet de l'écriture dans les choix du corpus, dans l'expression de la problématique, dans le choix du sujet, dans le choix des mots. Me faire apparaître par moments dans mon texte, choisir un je qui dit d'où j'observe est un gage scientifique parmi d'autre.

Philippe Lejeune poursuit sa réflexion sur une autre scène de l'autobiographie, inhérente à la recherche, celle de l'appareil de citations : *« tous ceux qui ont étudié des journaux personnels savent qu'ils partent souvent de la lecture de l'autre : on dresse des listes de ce qu'on a lu, on note les meilleurs passages, les choses à retenir, éventuellement les idées qu'elles suggèrent. C'est dans le carnet de lecture qu'on voit combien "lecture de l'autre" et "écriture de soi" sont deux activités quasiment indissociables. Dans des travaux antérieurs (Les brouillons de soi, 1998) j'avais employé le terme "autobiocopie" pour désigner ce paradoxe d'une écriture de soi littéralement calqué sur l'écriture des autres ; et comme il s'agit de greffe, on pourrait aussi bien dire : "autobiogreffie". J'ai donc cherché les cas, très rares, où l'autobiographie met lucidement en scène le fait que son propre discours n'est qu'un montage de celui des autres »*[26].

---

[25] P. LEJEUNE, *Signes de vie. Le pacte autobiographique 2*, Paris, Seuil, p. 170.
[26] *Ibid.*, p. 175.

Je dis : tous les textes que j'ai cités dans cet article, c'est que je les aime. J'aime comment ils doutent, comment ils pensent l'écriture, comment ils me laissent les faire miens, comment ils se sont écrits en leurs temps. C'est ce droit de citer dans la ville blanche de mes pages qui donne au lecteur une image de moi, un parcours.

Voici la thèse : une autobiographie deux fois : en citant les textes que nous faisons nôtres, en avouant comment ils sont nous. Ecrire, c'est bien choisir parmi les mots et parmi les textes ceux qui nous distinguent dans notre façon d'appréhender le monde et de le traduire. C'est pour cela que certains jours, la tâche de l'écriture est si lourde à porter. On l'aimerait plus légère quand elle porte nos blessures, on l'aimerait transparente quand elle raconte nos enfances, on l'aimerait lisse quand sur ses lignes s'accrochent nos héritages.

5. Qui est notre lecteur ?

Nous sommes notre premier lecteur. Créateur, je m'enflamme, je cisèle, rature et reprends, choisis, m'amuse : le jour. Je soupçonne une molécule chimique libérer dans tout le corps une drogue produite par la coïncidence de l'écriture et de la pensée. L'écriture, c'est un peu l'hypnose. Vient alors le temps de la (re)lecture, temps cruel, la pensée n'y est plus, restent quelques mots orphelins, et tout à refaire : la nuit. Donc reprendre, réécrire, relever les cadavres d'idées tombés en bas de page, redresser les paragraphes entre eux, colmater. Pourtant, il faut bien qu'un jour cet aller-retour entre l'écriture et la relecture de soi cesse ! Ce jour là, non seulement nous acceptons notre imperfection, abandonnons une part de notre vanité, mais encore nous nous projetons dans une relation de confiance avec notre lecteur.

Le lecteur institutionnel de la thèse, celui qui est prévu par la culture universitaire, prend figure pyramidale (le jury et le directeur de thèse, plus tard les membres des commissions de spécialistes qui recrutent les enseignants chercheurs) et circulaire (les collègues qui travaillent sur les mêmes sujets). L'écriture de thèse a cela de particulier : elle est évaluée. La qualité d'une thèse (ses jeux, sa capacité à susciter une lecture vive, la justesse d'une tonalité, ses rebondissements, ses couleurs) est inhérente à la qualité de son écriture. « J'aimerais souligner , dit le jury, la qualité de l'écriture ». S'il ne dit jamais de quoi est faite cette qualité, il en apprécie les métaphores et les métonymies, les « engouements conceptuels, les empourprements successifs »[27], les sangs qui coulent, tel l'incarnat en peinture, sous la surface de la méthode. Il y a sans doute beaucoup de justesse, écrit Clément Rosset, *« dans le vers fameux de l'art poétique de Boileau : "Ce qui se conçoit bien s'énonce clairement" . Mais cette pensée de Boileau gagne encore en justesse, et en profondeur philosophique, à être réduite à une formule plus concise : "Ce qui se conçoit est ce qui s'énonce". Ou encore : "concevoir et énoncer sont une seule et même chose". De cette intimité indissoluble en laquelle penser et écrire se confondent témoigne aussi une réflexion du philosophe américain Peirce, déclarant que, sans l'aide d'un encrier, il serait incapable de s'exprimer : "et je dirais même plus, poursuit-il, il ne me viendrait pas la moindre idée" »*[28].

J'ai encore en réserve un bon vieux proverbe chinois, qui puise sa double autorité dans le fait que c'est une phrase qui vient de loin (la Chine, la sagesse orientale...) et de loin (elle est écrite par Cheng Hsieh, entre 1693 et1765...). Or donc, voici l'énigme qu'il nous propose : *« Ah, que l'esprit doive précéder le pinceau, c'est la règle ; mais que l'accomplissement doive dépasser la règle, voilà le mystère de la vraie création »*. Je laisse ici au lecteur le temps de l'abîme. Mais revenons à notre jury de thèse : a-t-il jamais défini ce qu'était ce « bien écrit » ? Jamais. Ce « bien écrit », j'aimerais le rappeler, est l'objet de ces lignes : impartialité négociée, ordre du discours respecté mais interrogé, part de l'autobiographie et de l'autobiogreffie, équilibre entre la part de l'écrivain et les nécessités de l'écrivant...

Méfions nous pourtant du lecteur : *« Expérience initiale, voire initiatique : lire, c'est être ailleurs, là où ils ne sont pas, dans un autre monde »* écrivait Michel de Certeau : lire ? Un braconnage ! *« Le lecteur est le producteur de jardins qui miniaturisent et collationnent un monde, Robinson d'une île à découvrir, mais "possédé" aussi par son propre carnaval qui introduit le multiple et la différence dans le système écrit d'une société et d'un texte. Auteur romanesque donc. Il se déterritorialise, oscillant dans un non-lieu entre ce qu'il invente et ce qui l'altère. Tantôt en effet, comme le chasseur dans la forêt, il a l'écrit à l'œil, il dépiste, il rit, il fait des "coups", ou bien joueur, il s'y laisse prendre. Tantôt il y perd les sécurités fictives de la réalité : ses fugues l'exilent des assurances qui cassent le moi dans le damier social. Qui lit en effet ? Est-ce moi, ou quoi de moi ? »*[29].

---

[27] R. BARTHES, « La machine de l'écriture », *Roland Barthes par Roland Barthes*, Paris, Seuil, Collection Ecrivains de toujours, 1975, p. 114.
[28] C. ROSSET, *Le Choix des mots*, Paris, Minuit, 1995, p. 31.
[29] M. DE CERTEAU, « Lire, un braconnage », *L'invention du quotidien, arts de faire*, Paris, Folio Essais, 1990, pp. 239-255.

Les revues en SIC

Nombreuses sont les revues qui indiquent, sur leurs sites internet, des conseils aux auteurs qui souhaitent proposer un article. Certaines dévoilent également les thèmes de leurs prochains dossiers. En nous appuyant sur le classement des revues rendu public par la 71e section du Conseil national des universités (CNU) sur son site internet (<http://cnu71.online.fr/>), nous indiquons ci-dessous les titres et adresses web des principales revues liées aux SIC.

Liste des revues reconnues par la 71e section du CNU

1. Revues scientifiques insérées dans le champ des Sciences de l'information et de la communication

Communication :
<http://www.ehess.fr/centres/cetsah/Communications/com.html>
Communication et langages : <http://www.armand-colin.com/revues_info.php? idr=18>
Communication et organisation : <http://greco.u-bordeaux3.fr/greco_comm&org.html>
Culture et musée (était *Publics et musée*)
Distance et savoir
Études de communication : <http://www.univ-lille3.fr/revues/etudesdecom/>
Hermès : <http://www.wolton.cnrs.fr/frame_hermes.htm>
Les enjeux de l'information et de la communication : <http://w3.u-grenoble3.fr/les_enjeux/>
MEI : <http://com-media.univ-paris8.fr/revue_mei.htm>
Mots, les langages du politique : <http://icar.univ-lyon2.fr/revue_mots/>
Protée : <http://www.erudit.org/revue/pr/>
Questions de communication : <http://ques2com.ciril.fr/>
Recherches en communication : <http://www.uclouvain.be/31190.html>
Réseaux : <http://www.enssib.fr/autres-sites/reseaux-cnet/accueil.html> (sommaires des anciens numéros) ; <http://reseaux.e-revues.com/>

Revue canadienne de Sciences de l'information et de bibliothéconomie :
<http://www.cais-acsi.ca/journal/journal_fr.htm>
Sciences de la société : <http://w3.univ-tlse2.fr/scsoc/>

2. Revues professionnelles publiant des articles de recherche en SIC

Documentation et bibliothèques : <http://www.asted.org/Publications/db/>
Documentaliste-Sciences de l'information :
<http://www.adbs.fr/site/publications /documentaliste/index.php>
Revue des revues : <http://www.entrevues.org/>
Argus : <http://www.cbpq.qc.ca/publications/argus/argus.html>
BBF (*Bulletin des Bibliothèques de France*) : <http://bbf.enssib.fr/>

3. Revues scientifiques publiant occasionnellement des articles en SIC

Sociétés et représentation
Le Temps des Médias : <http://www.histoiredesmedias.com/>

4. Revues de culture scientifique et technique en SIC destinées au grand public

Alliage : <http://www.tribunes.com/tribune/alliage/accueil.htm>
Cinémaction : <http://www.cinemaction.net/>
Médiamorphoses : <http://www.ina.fr/inatheque/publications/>
Medium : <http://www.mediologie.org/>
Nouveaux dossiers de l'audiovisuel (était *Dossiers de l'audiovisuel*) : <http://www.ina.fr/ produits/publications/da/>

Autres revues

Les Cahiers du journalisme : <http://www.esj-lille.fr/article.php3?id_article=21>
Médias : <http://www.revue-medias.com/>
Quaderni : <http://credap.univ-paris1.fr/quaderni/>

Chapitre 2

Devenir enseignant-chercheur

Au fil de son parcours de thèse, le doctorant dessine et imagine son projet professionnel. Il peut s'orienter vers le secteur privé (voir le chapitre 6 : « Le chercheur et l'entreprise »), ou vers la profession d'enseignant-chercheur. Dans ce dernier cas, c'est dès le début de la thèse que le doctorant doit construire son identité professionnelle et s'acquitter de plusieurs obligations qui lui permettront de mettre toutes les chances de son côté pour obtenir un poste.

Avant cette étape ultime, l'apprenti chercheur doit pouvoir financer sa thèse notamment en assurant des charges pédagogiques au sein de l'université. Ainsi, Florence Rio, Docteure de l'université Paris 3-Sorbonne Nouvelle évoque la fonction d'ATER[30] et relate ses difficultés à concilier rédaction de la thèse et autonomie financière.

Parvenu au terme de la rédaction vient le temps de la soutenance. Moment attendu, redouté parfois. Cinq jeunes docteurs se sont prêtés au jeu en nous livrant impressions et conseils sur leur propre expérience de soutenance. Le mois de septembre sonne le début de la procédure de qualification, sésame indispensable pour se présenter aux concours de recrutement aux postes de maître de conférences. Autre exercice de rédaction, la constitution du dossier de qualification auprès du Conseil national des universités (CNU) répond à des modalités précises et parfois peu connues. Pascal Froissart, Maître de conférences à l'université Paris 8-Vincennes-Saint-Denis et ancien membre de la 71e section (Sciences de l'Information et de la Communication) du CNU nous livre un véritable guide rédactionnel du dossier de qualification.

Qualifié, le docteur entame alors l'ultime phase : la campagne de recrutement. Choix des postes, constitution et envoi des dossiers, convocations. A l'image des compagnons, le docteur effectue son tour de France au gré des auditions. Trois chercheurs récemment qualifiés se livrent à l'analyse de leur première campagne de recrutement.

---

30 Attaché temporaire d'enseignement et de recherche.

Repère pratique

Financer sa thèse

L'allocation de recherche

Qu'est-ce que c'est ?

L'allocation de recherche constitue un contrat à durée déterminée passé entre l'Etat (par l'intermédiaire du ministère délégué à l'Enseignement supérieur et à la Recherche) et un doctorant, afin de permettre à ce dernier de se consacrer pleinement et exclusivement à ses travaux de recherche pour la préparation de sa thèse. Sa durée est de trois ans (trois fois un an reconduit tacitement). Le montant de l'allocation est de 1 650 € bruts mensuels à compter du 1er octobre 2007. Les allocataires de recherche sont salariés, et non boursiers ; ils bénéficient donc du régime de protection sociale des salariés.

Comment postuler ?

Il faut entamer les démarches dès l'année de master 2 recherche (qui remplace l'ancien DEA). La sélection des futurs allocataires se fait au sein de chaque école doctorale, parmi les meilleurs étudiants de master 2 de chaque cursus. L'âge limite pour postuler est de 25 ans, mais des dérogations sont possibles jusqu'à 30 ans. Attention : en SIC, comme en sciences humaines et sociales en général, le nombre d'allocations de recherche est fortement limité ! La sélection est donc rude.

Le monitorat

Qu'est-ce que c'est ?

Le monitorat d'initiation à l'enseignement supérieur est réservé aux titulaires d'une allocation de recherche ou d'une aide financière d'un montant au moins équivalent à l'allocation. Il permet d'enseigner à l'université parallèlement à la rédaction de sa thèse afin de se préparer aux fonctions d'enseignant-chercheur. Le moniteur assure 64 heures de travaux dirigés par an (soit le tiers du service d'un maître de conférences) et il perçoit en contrepartie une rémunération brute mensuelle de 335,40 € qui s'ajoute à son allocation de recherche. Il suit également des formations dispensées par le Centre d'initiation à l'enseignement supérieur (CIES) auquel son université est rattachée.

Comment postuler ?

En règle générale les moniteurs sont recrutés l'année même où ils ont obtenu leur allocation, mais ils peuvent également faire acte de candidature au début de leur deuxième année d'allocation. Cependant, la durée du monitorat ne peut dépasser celle de l'allocation. Le dossier de candidature doit être déposé auprès de l'université concernée ainsi qu'auprès du Centre d'initiation à l'enseignement supérieur (CIES) auquel elle est rattachée. Le nombre de monitorats étant contingenté, tous les allocataires ne peuvent en bénéficier. Comme rien ne s'oppose à ce que le lieu d'exercice du monitorat soit différent de celui où l'allocataire est inscrit en thèse, les candidats ont intérêt à multiplier leurs chances d'être recrutés en déposant une demande auprès de plusieurs universités.

Les postes de doctorants-conseil

Qu'est-ce que c'est ?

En 2007-2008 a été expérimenté pour la première fois ce nouveau dispositif, qui s'adresse aux doctorants allocataires de recherche non moniteurs. Il s'agit pour le doctorant d'effectuer des missions de conseil en entreprise, d'une durée totale annuelle de 32 jours par an. Ces missions peuvent être accomplies tout au long de l'année selon des modalités adaptées à chacune des missions et compatibles avec le travail de recherche du doctorant. La rémunération du doctorant-conseil est égale à celle du moniteur de l'enseignement supérieur, soit 4 020 € brut annuel, versés mensuellement par l'université.

Comment postuler ?

Chaque mission est effectuée dans le cadre d'une convention tripartite entre l'université, l'entreprise (ou administration, collectivité territoriale) et le doctorant, prévoyant la facturation de la mission par l'université à l'entreprise. Le doctorant est associé à ou est à l'origine de la détermination de sa mission avec l'entreprise et l'université (par l'intermédiaire de l'école doctorale). Après une première expérimentation en 2007-2008, ce dispositif devrait être généralisé en 2008-2009.

Les charges de cours ou vacations

Qu'est-ce que c'est ?

Lorsque l'on ne dispose pas d'une allocation de recherche, il est néanmoins possible de faire ses premières armes dans l'enseignement supérieur, en assurant des charges de cours, aussi appelées vacations. Le vacataire est alors rémunéré au nombre d'heures effectuées (rémunération moyenne de l'heure de TD : 39,54 € bruts).

Comment postuler ?

Le travail de chargé de cours est considéré comme une activité de complément : il n'ouvre pas droit à la sécurité sociale ni aux ASSEDIC. Il ne faut donc pas espérer se financer uniquement par ce biais ! Pour pouvoir prétendre à une charge de cours, les postulants doivent avoir moins de 28 ans et être inscrits en troisième cycle, ou bien avoir plus de 28 ans et avoir un employeur principal (minimum annuel de 1000 heures). Le recrutement se fait en général directement auprès des enseignants responsables des cursus concernés.

Les conventions Cifre

Qu'est-ce que c'est ?

Les conventions CIFRE (Conventions industrielles de formation et de recherche) associent autour d'un projet de recherche, qui conduira à une soutenance de thèse de doctorat, trois partenaires : une entreprise, un jeune diplômé, un laboratoire. Elles s'adressent aux entreprises qui s'engagent à confier à un jeune diplômé (Bac +5) un travail de recherche en liaison directe avec un laboratoire extérieur.

L'entreprise signe un contrat de travail à durée indéterminée ou déterminée de 3 ans et verse à son « jeune CIFRE » un salaire supérieur ou égal à 23 484 € (salaire annuel, brut, hors charges patronales, valable pour les conventions signées après le 1er septembre 2007). Dans les cas de diplômés non ressortissants de l'Union européenne, l'entreprise devra leur obtenir une autorisation de travail à temps plein. Pendant les trois ans que dure la Convention, l'entreprise se voit attribuer une subvention forfaitaire annuelle de 17 000 € (pour les conventions signées après le 1er septembre 2007), que lui verse l'Association nationale de la recherche technique (ANRT), responsable de la gestion et de l'animation des conventions CIFRE, pour le compte du ministère chargé de la Recherche.

Comment postuler ?

L'ANRT n'intervient qu'une fois les trois partenaires réunis. En pratique, le doctorant doit donc trouver lui-même l'entreprise et le laboratoire où il effectuera sa thèse.

Conditions d'attribution :

- L'entreprise doit être de droit français.
- Le candidat, âgé d'environ 26 ans, est titulaire d'un diplôme de niveau Bac +5 récent. Il ne devra pas s'être engagé dans des études doctorales depuis plus d'un an. Il s'agit pour lui d'une première expérience professionnelle. Il a vocation à faire carrière en entreprise. La procédure CIFRE est ouverte à toute nationalité.
- Le laboratoire sera implanté dans une université, une école, un organisme public de recherche, un centre technique. Ce peut être un laboratoire étranger. Il doit pouvoir encadrer efficacement le candidat de façon à lui donner une formation par la recherche de qualité.

Le projet doit :

- Répondre à une stratégie générale dans l'entreprise : le sujet proposé doit faire partie d'une volonté de développement de l'entreprise et être lié à son domaine d'activité.
- Donner une formation effective en entreprise : en fin de convention le docteur doit pouvoir justifier d'une expérience professionnelle.
- Proposer un sujet ouvert sur le monde de l'entreprise : en cas de recherche d'emploi, le « CIFRE » doit pouvoir valoriser ses acquis méthodologiques et scientifiques.

Les postes d'ATER

Qu'est-ce que c'est ?

Etre attaché temporaire d'enseignement et de recherche (ATER) permet de terminer une thèse ou de se présenter aux concours de recrutement de l'enseignement supérieur tout en enseignant, en qualité d'agent contractuel. Un ATER à temps plein assure 128 heures de cours magistraux, 192 heures de travaux dirigés ou 288 heures de travaux pratiques par an, pour un salaire de 2 005 € bruts mensuels au 1er mars 2008. Un ATER à mi-temps assure 64 heures de cours, 96 heures de travaux dirigés ou 144 heures de travaux pratiques par an, pour un salaire de 1 412 € bruts mensuels au 1er mars 2008. La rémunération des ATER est régie par le système d'indice en vigueur dans la fonction publique. Celle d'un ATER à temps plein correspond à l'indice brut 513, ou à l'« indice nouveau majoré » 440. Celle d'un ATER à mi-temps correspond à l'indice brut 327, ou à l'indice nouveau majoré 310. Le calcul de la rémunération se fait en multipliant l'indice nouveau majoré par le « point d'indice », qui est régulièrement revu à la hausse. L'ATER participe aux diverses obligations qu'implique son activité d'enseignement : encadrement des étudiants, contrôle des connaissances et examens.

Comment postuler ?

Pour devenir ATER, il faut être dans l'une des situations suivantes :

- soit être fonctionnaire titulaire ou stagiaire de catégorie A ;
- soit être inscrit en vue de la préparation d'un doctorat ou d'une habilitation à diriger des recherches, le directeur de thèse devant attester que la thèse peut être soutenue dans un délai d'un an ;
- soit être déjà titulaire d'un doctorat ou d'une habilitation à diriger des recherches et s'engager à se présenter à un concours de recrutement de l'enseignement supérieur ;
- soit être enseignant ou chercheur de nationalité étrangère ayant exercé des fonctions d'enseignement ou de recherche pendant au moins 2 ans ;
- soit être titulaire d'un doctorat ou d'un titre ou diplôme étranger jugé équivalent par la commission de spécialistes de l'établissement.

Le président ou directeur de l'établissement recrute les ATER par contrat à durée déterminée, dont la durée varie selon la catégorie d'ATER dont relève le candidat. Pour les fonctionnaires titulaires ou stagiaires de catégorie A, la durée du contrat est de 3 ans, renouvelable une fois pour une durée d'un an. Pour les doctorants et pour les personnes déjà titulaires d'un doctorat ou d'une habilitation à diriger des recherches, la durée du contrat est d'un an, renouvelable une fois.

La procédure de recrutement se déroule comme suit :

- Les candidats consultent auprès des établissements la liste des postes offerts et transmettent des dossiers de candidatures aux universités offrant des postes dans la ou les sections disciplinaires qui les intéressent.

- Une commission de spécialistes de l'établissement examine les candidatures et classe les candidats retenus.

Contrairement au recrutement des maîtres de conférences, le recrutement des ATER n'est pas centralisé et les postes ne sont pas publiés au Journal officiel. Chaque établissement organise le recrutement de ses ATER et fixe ses propres dates. Les dates limites pour l'envoi des dossiers de candidature dans les différents établissements sont donc très variables (de fin mars à fin juin). Les candidats doivent donc se renseigner auprès de chaque établissement pour connaître les postes disponibles ou susceptibles de l'être. Depuis 1998, la Guilde des doctorants (association loi 1901) a mis en place un système de regroupement des informations concernant les postes d'ATER (<http://guilde.jeunes-chercheurs.org>).

A noter que jusqu'en 2007 existaient des postes dits d'« ATER-CIES », réservés aux anciens moniteurs. Ces postes, contingentés, étaient distribués par les Centres d'initiation à l'enseignement supérieur (CIES) à des moniteurs n'ayant pas trouvé de postes d'ATER par ailleurs. Ce système a été supprimé en 2008.

Le chômage après un poste d'allocataire ou d'ATER

Qu'est-ce que c'est ?

Les contrats d'allocataire de recherche, allocataire-moniteur et ATER ouvrent droit à des indemnités chômage dont la durée et le montant varient en fonction de la durée des contrats concernés et du salaire perçu (selon que l'on a été allocataire, allocataire-moniteur, ATER à mi-temps ou ATER à temps plein). Les indemnités ASSEDIC peuvent permettre, selon les cas, de terminer sa thèse, de préparer les concours de recrutements aux postes de maître de conférences ou de rechercher un emploi hors université.

Comment percevoir les ASSEDIC ?

C'est le service des traitements de l'université où le jeune chercheur termine son contrat qui prend en charge le dossier et le versement des indemnités. Il convient de contacter ce service avant même la fin du contrat afin de connaître les modalités exactes d'inscription au chômage. Il faut en effet prendre rendez-vous aux ASSEDIC dès le premier jour après la fin du contrat afin d'éviter de perdre des jours d'indemnisation (les ASSEDIC prenant en compte la date de l'inscription et non celle de la fin du contrat dans le versement des allocations). Lors du premier rendez-vous aux ASSEDIC, ceux-ci doivent vous remettre une lettre de rejet qu'il faut apporter au services des traitements de l'université – car c'est ce service et non les ASSEDIC qui se chargera du versement des indemnités.

La durée de versement des allocations dépend de la durée travaillée. Si l'on a travaillé six mois au cours des 22 derniers mois, l'indemnisation durera 7 mois ; pour 12 mois de travail au cours des 20 derniers mois, l'indemnisation est de 12 mois ; enfin pour 16 mois de travail au cours des 26 derniers mois, l'indemnisation est de 23 mois (c'est donc le cas pour un allocataire ou un ATER après deux ans). Le montant de l'indemnisation dépend du montant du salaire brut précédemment gagné. A titre d'exemple, en 2008, pour un ancien allocataire-moniteur ou pour un ancien ATER à temps plein, l'indemnité était comprise entre 1 000 et 1 100 euros.

A noter que le statut d'étudiant ne contredit pas l'indemnisation par les ASSEDIC. Il est donc tout à fait possible de terminer sa thèse tout en percevant les allocations chômage. Il est par contre impératif d'être à la recherche « effective et permanente d'un emploi » et notamment de se rendre disponible pour les rendez-vous à l'ANPE.

Les autres bourses et aides financières

Outre les modes de financements cités ci-dessus, qui sont les plus connus, il existe une myriade de fondations et d'organismes susceptibles d'accorder à des doctorants des bourses et aides financières plus ou moins généreuses. Certaines proposent également des prix de thèse, qui s'adressent aux docteurs. La recherche d'aides financières de ce type implique souvent de préparer des dossiers longtemps à l'avance ; un minimum d'anticipation s'impose !

Voici quelques pistes non-exhaustives qui pourront aider les doctorants qui se lancent dans la recherche d'une aide, qu'elle soit ponctuelle ou plus durable :

- Portail des fondations et du mécénat : <http://www.fondations.org/>
- Recensement des bourses et des prix sur le site de la Fondation de France : <http://www.fdf.org/jsp/site/Portal.jsp?page_id=55>

- Recensement des aides à la mobilité internationale du ministère des Affaires étrangères et d'autres institutions : <http://www.egide.asso.fr/>
- Recensement des bourses et des prix de thèse par l'association iEDU : <http://www.iedu.asso.fr/>
- Guide des financements de l'Andès (Association nationale des docteurs ès sciences) : <http://financements.andes.asso.fr/>
- La Chancellerie des universités de Paris propose, chaque année, une série de bourses et de prix de thèse. Renseignements : <http://www.sorbonne.fr/document157.html>
- Pensez aux collectivités territoriales (régions, départements notamment), qui proposent parfois des bourses. C'est le cas, par exemple, du Conseil régional d'Ile-de-France, qui lance chaque année, au mois d'avril, un appel à candidatures pour des allocations doctorales et post-doctorales (informations sur le site : <http://www.cr-ile-de-france.fr/>).
- Bourses de mobilité de l'Agence Universitaire de la Francophonie (AUF) : <http://www.auf.org/article95.html>
- Le legs Lassence est destiné aux étudiants, titulaires d'un DEA, qui préparent un doctorat de lettres ou de sciences humaines. Contactez le service social du Crous de votre académie.
- Bourses Eiffel doctorat destinées aux doctorants étrangers : <http://www.egide.asso.fr/fr/programmes/eiffeldoct/presentatio n.jhtml>
- Programme BFE (Boursiers français à l'étranger) : <http://www.egide.asso.fr/fr/programmes/bfe/>
- Financements « Aires culturelles » du ministère de la Recherche : permettent de financer des séjours de recherche de courte durée (de 3 à 12 semaines) nécessaires aux travaux de jeunes doctorants (à l'exclusion des colloques et des séminaires à l'étranger). Consulter le site du ministère : <http://www.recherche.gouv.fr/> à la page « Appels à propositions ».
- Prix Le Monde de la recherche universitaire, qui aide à la publication des très bonnes thèses en sciences humaines et sociales : <http://www.lemonde.fr/mde/prix/>
- Les laboratoires ou écoles doctorales proposent parfois des aides à leurs doctorants, notamment pour financer un déplacement afin d'intervenir dans un colloque.

Du financement personnel au poste d'ATER, ou le visage du quotidien de la thèse

Florence Rio

Dans cet article je me propose de revenir sous forme de témoignage[31] sur la réalité du financement de la thèse à travers mon expérience personnelle de l'autofinancement (deux ans) puis de l'obtention d'un poste d'ATER (Attaché Temporaire d'Enseignement et de Recherche) à temps plein (deux ans). Evoquer par le biais du témoignage la question du financement peut être périlleux ou décourageant, pour autant il s'agit d'une réalité effective que l'on peut éclairer par quelques chiffres[32] : en moyenne en France et toutes matières confondues, 48% des doctorants bénéficient d'une aide financière, 12% sont salariés et 37% sont sans financement. En ce qui concerne les Sciences Humaines et Sociales (SHS), seuls 22% des doctorants disposent d'une aide financière alors que 83% de leurs homologues des sciences « dures » se voient octroyer ce type d'aide (allocations ministérielles ou privées). Ainsi, 60% des doctorants en SHS se lancent dans un travail de recherche doctoral sans aucun financement. Au total, 4 000 allocations de recherche ministérielles sont accordées par an, pour 18 000 inscriptions en première année de doctorat et 10 000 thèses soutenues chaque année[33]. Ce n'est pas la portée polémique de ces chiffres que je souhaite mettre ici en avant, mais il semble important de pointer du doigt la réalité financière et quotidienne de la thèse qui en plus d'être un cheminement intellectuel apparaît aussi comme un parcours social parfois difficile. C'est aujourd'hui avec un certain recul et une thèse achevée que je reviens sur ce statut de doctorant non financé, puis d'ATER.

---

[31] Les propos tenus ici, s'ils sont généralisables à de nombreux doctorants, ne prétendent pas décrire une vérité immuable mais seulement faire état d'une expérience personnelle (l'emploi de la première personne du singulier va en ce sens).

[32] Chiffres fournis par le *Rapport des Etats Généraux de la Recherche 2004*, par Yannick Vallée.

[33] L'allocation de recherche ministérielle est une aide financière accordée pour trois ans d'un montant de 1 650 euros brut par mois, souvent complétée par un monitorat qui conduit ce salaire mensuel à environ 1 985 euros brut par mois.

1. Deux années d'autofinancement, ou le cumul des emplois précaires

De façon humoristique et pourtant non anecdotique, on peut souligner à titre de préambule que la source de financement la plus fidèle a sans doute été (en tout cas au début) un système de prêt parental au taux exceptionnel de 0%, d'autant plus exceptionnel qu'il se transformait assez fréquemment en don parental. Si cette aide précieuse a valu entre autres à mes parents de voir figurer leurs noms en première place de mes remerciements de début de thèse, il faut avouer que cette heureuse participation ne constitue bien sûr en rien une réelle source de revenu. Aussi, pour beaucoup, et ce fut mon cas, l'accumulation de « petits boulots » s'avère être la réelle source de financement d'un travail doctoral. Les missions d'intérim ou les cours particuliers font partie des emplois prisés par les jeunes chercheurs. Source assez intéressante de revenus, ils permettent, et cela constitue leur atout majeur, un aménagement d'emploi du temps. Même aménagés, ils demeurent cependant prenants, lorsqu'il s'agit par exemple de préparer des lycéens au baccalauréat de français ou d'enchaîner sa journée de travail avec des inventaires nocturnes. En ce qui me concerne, en plus de ces petits boulots, c'est un poste de surveillante d'externat dans les établissements publics du secondaire (collège et lycée) obtenu plusieurs années avant l'inscription en doctorat qui a représenté le principal financement ainsi que le meilleur compromis. Ce statut proposait des contrats de 28h à temps plein[34] et de 14h à mi-temps[35], répartis en moyenne, pour les temps-plein, sur trois ou quatre jours dans la semaine, durant lesquels, en fonction des établissements, il était parfois possible de dégager quelques heures de travail personnel. Membres de l'Education Nationale, les surveillants d'externat obtenaient une exonération des frais d'inscription à l'université et accumulaient des points d'ancienneté permettant, entre autres, de passer les concours internes de l'enseignement au bout de trois ans. Si je parle de ce statut au passé, c'est qu'il a aujourd'hui disparu au profit du statut moins avantageux d'Assistant d'Education[36].

Parallèlement, les charges de cours à l'université représentent une autre possibilité de financement qui ne peut cependant être qu'annexe, puisqu'il faut prendre en compte le délai de paiement considérable

[34] Rémunération d'environ 1 000 euros net par mois.
[35] Rémunération d'environ 500 euros net par mois.
[36] Contrats de 35h rémunérés au Smic horaire.

auquel l'on doit faire face (en moyenne 6 mois entre le début des cours et le paiement des heures). Mais ces vacations, en tant que premières expériences d'enseignement dans le supérieur sont riches d'apprentissage et constituent des éléments importants pour la construction d'un CV de futur enseignant-chercheur. Elles ne sont cependant pas toujours faciles à trouver – il ne faut pas hésiter à en parler autour de soi – et représentent également une charge de travail non négligeable surtout lorsque l'on ne dispose pour consigne de préparation que d'un simple intitulé de cours. Il s'agit dans ce cas de construire soi-même un cours, une progression, des examens, ce qui prend, les premières années, beaucoup de temps ! En conclusion de ces deux années, il faut constater que si ces activités professionnelles permettent de financer sa thèse, elles ne permettent pas d'y travailler ! En effet, en moyenne quatre ou cinq jours se trouvent consacrés au financement d'un projet et d'un travail doctoral morcelé qui reste à l'état de concept. Les vacances, week-ends et jours fériés deviennent les moments privilégiés du travail du jeune thésard. Face à cette réalité, le poste d'ATER, Attaché Temporaire d'Enseignement et de Recherche, apparaît, lorsque l'on est dans cette situation, comme un « *eldorado* », comme une solution à tous nos maux.

2. ATER à temps plein, un « soulagement »

Les postes d'ATER sont accessibles aux doctorants en troisième année de thèse et plus arrivant à la fin de leur doctorat. Il s'agit d'un poste d'un an renouvelable un an rémunéré à hauteur de 1 995 euros brut par mois[37], somme complétée par deux primes de recherche de 500 euros dans l'année.

Une des principales difficultés du poste d'ATER réside dans son obtention. La campagne de recrutement suit celle des maîtres de conférences et débute donc au printemps pour s'achever jusqu'en juin ou juillet en fonction des universités. Il ne s'agit pas d'un recrutement national. Chaque établissement du supérieur publie son offre de poste et il revient à chaque candidat de remplir un dossier (en deux exemplaires au moins) pour chaque poste dans chaque établissement. Si la mobilité géographique permet sans conteste de multiplier ses chances de recrutement, avoir au préalable assumé des charges de cours à l'université

---

[37] Salaire pour un poste d'ATER à temps plein, valable depuis le 1er février 2007. Les ATER à mi-temps perçoivent un salaire brut mensuel de 1 405 euros.

demeure un des éléments essentiels du dossier de candidature. Une fois le poste obtenu, un ATER à temps plein a, dans les textes, pour seule mission d'effectuer 192h d'enseignement en TD par an[38] (charge égale à celle des maîtres de conférences). Cela représente une charge de préparation assez importante surtout lorsque l'établissement d'accueil est, comme cela a pu être le cas pour moi, assez éloigné de ses propres domaines de recherche. De plus, dans les faits, les ATER se voient également assez régulièrement, ce fut mon cas, confier des charges administratives[39] qui, si elles sont formatrices et si elles participent à la construction du dossier de qualification pour le CNU, représentent aussi une charge importante de travail et prennent beaucoup de temps. La première année de cet *eldorado* tant convoité se trouve ainsi très chargée et le temps consacré à la thèse n'est pas réellement plus important que lors des années précédentes. De plus, l'éloignement géographique imposé par la mobilité, que je soulignais plus haut, peut poser quelques soucis : difficultés pour rencontrer son directeur de recherche, éloignement de son laboratoire, des bibliothèques, des personnes extérieures avec lesquelles on avait commencé à travailler, etc., et donc un travail très solitaire. En contre-partie, un poste d'ATER procure au doctorant un statut reconnu, l'intégration dans une équipe d'enseignement, des responsabilités, un salaire, du temps libre pour la thèse la seconde année ainsi qu'une expérience professionnelle importante, autant d'éléments incontestablement positifs.

Conclusion

La fin du contrat d'ATER ouvre à des indemnités de retour à l'emploi[40] qui ont constitué pour ma part une aide financière importante

---

[38] Qui n'incluent pas les heures de préparation, de surveillance de devoir, de correction ou de réunions entre enseignants, c'est-à-dire l'ensemble des tâches qui incombent de fait à un enseignant. Quant aux ATER à mi-temps, ils assurent 96 heures de TD par an.

[39] Pour ma part, cette charge était relativement importante, surtout parce que seule enseignante en communication pour le département que j'avais intégré, il me revenait la tâche de coordonner l'ensemble des enseignements en communication (recrutement des enseignants vacataires, gestion de leurs emplois du temps, gestion des notes, des devoirs, refonte du programme pour le passage au LMD, etc.). A cela s'ajoutaient les charges administratives communes aux enseignants du département : placement et suivi de stagiaires, recrutement des étudiants, présence aux journées portes ouvertes et autres forums et salons étudiants, etc., etc.

[40] La procédure est identique à celle de n'importe quel demandeur d'emploi : inscription et actualisation aux Assedic et suivi par une agence ANPE.

me permettant, pour la première fois depuis mon inscription en doctorat, de me consacrer à temps plein à ma thèse pendant quelques mois ce qui, au moment de la rédaction, n'est pas négligeable ! Le regard porté sur ces quatre années est mitigé. L'autofinancement implique un travail de thèse morcelé. Aussi, l'impression d'avoir fait ma thèse en un an et demi ou deux ans subsiste, l'impression de ne pas avoir pu aller au bout de mes recherches et fouiller comme je l'aurais souhaité les concepts abordés laisse également un sentiment amer d'inachevé. La fatigue et la lassitude accumulées lorsque l'on est plus occupé à trouver comment financer sa thèse plutôt qu'à y travailler construisent ainsi un tableau contrasté. A côté de cela, l'expérience et l'enrichissement personnel sont a priori un atout pour le dossier de qualification dans un premier temps mais aussi pour l'obtention d'un poste de maître de conférence par la suite (c'est en tout cas l'espoir que je nourris !). Pour conclure, quelques remarques sur les conséquences plus générales de ce fort taux de non financement en SHS à travers un comparatif chiffré :

- La durée moyenne d'une thèse en SHS est de 4 à 6,5 ans alors qu'elle oscille entre 3 et 4 ans pour les Sciences exactes. Les détenteurs d'allocations en SHS sont 62% à finir leur thèse en moins de 4 ans.
- L'âge moyen des doctorants à la soutenance est de 34 ans en SHS et de 29 ans en Sciences exactes.
- Le taux d'abandon des thèses en SHS avoisine les 50% alors qu'il ne représente que 10 à 20% en sciences expérimentales. Et corrélativement, les doctorants en SHS constituent 56% des inscrits en doctorat, mais seulement 39% des docteurs (contre 31% et 61 % en Sciences exactes)[41].

[41] Y. VALLEE, *Rapport des Etats Généraux de la Recherche 2004*.

Le rituel de la soutenance[42]

Parcoursic : Pourriez-vous décrire la façon dont vous vous êtes préparés à la soutenance ?

Interviewée 1 : Je m'y suis préparée à partir des deux pré-rapports que j'avais eus. Par ailleurs, j'ai réfléchi aux questions qui pouvaient m'être posées avec mon directeur de recherche. Enfin, en faisant une répétition de soutenance, avec deux ou trois personnes n'ayant pas encore soutenu, qui étaient chargées de regarder comment je parlais, de surveiller mes tics, et de me poser les questions que je leur avais préparées sur des fiches bristol, en plus des questions qu'elles me posaient librement. Ça a été un super exercice pour moi. Lors de la soutenance, les questions que j'avais préparées n'ont pas été posées, mais ça a été rassurant, notamment parce qu'il y avait certaines réponses que j'avais préparées et que j'ai pu utiliser pour d'autres questions qui me déstabilisaient et pour lesquelles j'avais besoin de temps…

Interviewée 2 : Je n'ai pas pu énormément m'appuyer sur les rapports du jury parce que je les ai reçus tardivement, dix jours avant. J'avais un rapport très détaillé, qui posait plein de questions, ce qui permet de savoir exactement où on va, et puis un autre qui était très descriptif, qui ne m'a pas servi à grand-chose, si ce n'est à me rassurer parce qu'il soulignait des points positifs. J'ai utilisé les rapports pour me préparer aux questions.

Interviewée 3 : J'avais noté les questions que je ne voulais surtout pas qu'on me pose, notamment des points statistiques, des termes techniques, je m'étais préparé des définitions sur des papiers, qui ne m'ont pas servi au final mais ça m'a rassurée.

Interviewé 4 : Je n'ai quasiment pas eu de préparation orale. J'ai fait une présentation Powerpoint. L'un des problèmes de ce type de présentation

[42] Nous tenons à remercier les jeunes chercheurs qui ont accepté de se prêter au jeu des échanges concernant la soutenance de thèse et les entretiens de recrutement aux postes de Maîtres de conférences. Afin de faciliter ces débats, leur retranscription a été anonymisée.

c'est que si elle est trop dense, on risque de s'enfermer dedans, et surtout il faut éviter de présenter l'écrit de sa thèse. J'ai donc abordé des thèmes précis : la présentation de la problématique, les apports que je comptais amener, les références théoriques sur lesquelles je m'étais basé, et enfin conclusions et problèmes rencontrés. Je n'ai pas préparé les questions, je ne voulais pas m'enfermer.

Interviewé 5 : J'ai commencé à la préparer par une pré-soutenance. Cela m'a permis de caler le temps que j'avais à ma disposition, de m'imprégner du texte devant un public réduit et de préparer les questions, même si les personnes qui étaient à ma pré-soutenance n'avaient pas lu ma thèse. Ça peut paraître un exercice qui n'a pas beaucoup d'importance, mais il m'a beaucoup aidé pour la soutenance. En ce qui concerne le texte, mon directeur de recherche m'avait précisé quatre ou cinq points qu'il fallait aborder : justifier le choix du sujet, présenter la problématique et le cadre théorique, les apports et conclusions auxquels je suis parvenu sans faire un résumé de ce qui était ma thèse, les questions méthodologiques aussi, et puis s'il y avait de nouveaux chantiers de recherche à partir de ce que j'avais trouvé et vers où m'orienter éventuellement. Les questions qui m'étaient posées dans les pré-rapports sont celles que j'ai retrouvées le jour de la soutenance.

Interviewée 3 : Je crois qu'il ne faut pas avoir l'ambition de tout raconter de sa thèse, il faut vraiment résumer au maximum et axer sur quelques points essentiels qui sont les plus importants de ce que l'on a fait.

Parcoursic : Comment s'est déroulée votre soutenance ?

Interviewée 1 : Il me semble que dans l'ordre on a d'abord les gens qui nous soutiennent, et ensuite on va vers des gens qui jouent aussi un peu le rôle de détracteurs, ce qui est normal... Pendant une heure et demie je n'ai reçu que des compliments, alors on se dit « y'a pas d'enjeu », et puis tout d'un coup ça tombe et là il faut être prêts.

Interviewée 2 : Moi c'est le premier rapporteur qui a pris la parole après mon directeur qui m'a le plus critiquée, et j'ai regretté que ce ne soit pas après parce justement je n'étais pas rodée...

Interviewée 3 : Je crois aussi qu'il faut se dire, en arrivant à la soutenance, qu'on est la personne la plus qualifiée, la plus compétente, et que les membres du jury n'ont pas travaillé pendant cinq ans sur le sujet...

Interviewé 4 : Une chose que l'on m'a dite et qui est très importante : « La soutenance c'est **ta** journée, c'est **ton** jour, c'est **toi** le héros ! ». Et je pense que c'est tout à fait légitime, on s'est investi, on a donné de soi, en général quand on choisit un sujet c'est un petit peu de soi.

Parcoursic : Comment avez-vous choisi les membres du jury ?

Interviewé 5 : Ma soutenance s'est très bien passée parce que les personnes que j'ai choisies avec mon directeur de recherche étaient connues nationalement et internationalement sur le sujet. Elles avaient déjà travaillé ensemble et surtout leur façon de travailler et de présenter les choses me correspondaient. Il n'y avait pas deux écoles différentes qui entraient en contradiction.

Interviewée 1 : Moi j'avais pas mal de difficultés parce que j'étais en co-tutelle et j'avais un jury à moitié québécois et à moitié français. La difficulté c'est que l'évaluation de la soutenance n'est pas la même. J'ai été évaluée sur un certain nombre de critères qui sont notamment ma thèse, ma présentation et ma capacité à répondre aux questions. J'ai eu une mention pour chacune de ces parties là, et c'est en fonction de ces mentions que l'on peut ou non avoir la meilleure mention pour la thèse. Dans la salle, il y avait des gens qui n'étaient pas du tout dans les mêmes domaines et des gens qui ne se connaissaient pas forcément, mais qui avaient quand même en grande majorité une réputation internationale.

Interviewé 4 : Il faut faire attention à ce que les membres du jury aient la même obédience. Mon directeur de thèse a voulu choisir les membres du jury, moi j'avais des personnes que je privilégiais.

Interviewée 1 : Il y a une vraie stratégie dans le choix des personnes... ça permet de multiplier les chances d'avoir un poste après...

Interviewée 3 : Après au CNU, on lit ton rapport très différemment selon les personnes qui sont dans ton jury...

Interviewée 1 : Avoir une soutenance avec tous les gens qu'on rencontre pendant sa thèse peut la dévaloriser. Il y aussi des gens qui sont incontournables sur notre sujet, et si on ne les prend pas, ça peut paraître suspect...

Repère pratique

Profession enseignant-chercheur

Pour le doctorant qui vise une carrière universitaire, il est important de connaître le plus tôt possible les étapes menant à l'éventuel recrutement comme maître de conférences. Voici quelques éléments qui permettront aux lecteurs de ce guide de mieux cerner ces étapes.

La qualification et le CNU

Avant de pouvoir proposer sa candidature à des postes titulaires, le jeune docteur doit obtenir sa qualification aux fonctions de maître de conférences. De nombreux détails sur cette procédure annuelle sont donnés dans le texte de Pascal Froissart qui suit ce repère pratique. Voici quelques liens supplémentaires susceptibles de vous aiguiller dans la constitution du dossier de qualification :

- Site Antarès : <https://antares.orion.education.fr/antares/can/index.jsp>
- Aides à l'utilisation d'Antarès : <http://www.education.gouv.fr/personnel/enseignant_superieur/enseignant_chercheur/guidanta/index4.htm> ; <http://www.education.gouv.fr/personnel/enseignant_superieur/enseignant_chercheur/antares.htm>
- Site de la 71e section du CNU : <http://cnu71.online.fr/>
- Recommandations aux candidats pour la rédaction du dossier de qualification sur le site de la 71e section : <http://cnu71.online.fr/refs/20-reco.html>
- Deux Vade Mecum à l'usage du candidat à l'inscription sur la liste de qualification des maîtres de conférences au CNU : <http://perso.ens-lyon.fr/pierre.lescanne/TEXTS/candidater.html> ; <http://perso.ens-lyon.fr/patrick.ravel-chapuis/vademecum65.html>
- Un exemple de dossier en 71e section : <http://affordance.typepad.com/mon_weblog/files/qualif03-04_71.pdf>

Le recrutement des maîtres de conférences

Une fois la qualification obtenue, reste pour les candidats aux fonctions de maître de conférences à se présenter aux concours organisés tous les ans au sein de chaque établissement, en fonction des postes à pourvoir. Voici un calendrier indicatif des démarches à effectuer :

1) Vers la fin février : publication des postes ouverts au recrutement au Journal Officiel.

2) Les candidats ont environ 4 semaines pour envoyer un dossier de candidature aux universités pressenties (autant de dossiers que de postes visés).

3) Les candidats dont le dossier est retenu sont convoqués pour une audition par la Commission de spécialistes de l'établissement.

4) Jusqu'à la mi-mai : les candidats sont auditionnés.

5) Début juin : les résultats des auditions sont publiés sur le site Antarès.

Quelques liens supplémentaires sur le site du ministère de l'Education :

- Devenir enseignant du supérieur : <http://www.education.gouv.fr/ cid2638/devenir-enseignant-du-superieur.html>
- Les métiers de l'éducation : Maître de conférences : <http://www.education.gouv.fr/cid1056/maitre-de-conferences.html>
- Note d'information sur la qualification, le recrutement et l'affectation des enseignants-chercheurs : <http://www.education.gouv.fr/ personnel/enseignant_superieur/enseignant_chercheur/notinfo.htm>
- Enseignants-chercheurs : bilan et statistiques : <http://www.education.gouv.fr/personnel/enseignant_superieur/ enseignant_chercheur/statistiques.htm>

Le dossier de qualification et le CNU

Pascal Froissart

Ça y est, la thèse est finie, les bulles de champagne de la soutenance ne pétillent plus que dans vos souvenirs... et vous relevez la tête en vous demandant enfin ce qu'il reste à faire pour atteindre un jour le poste de Maître de conférences tant convoité. Eh bien, le parcours n'est pas à son terme, loin de là. Pour enseigner dans une université française, vous devez être recruté-e par un comité de recrutement (appelé « Commission de spécialistes »), propre à chaque université. Mais auparavant, vous devez avoir obtenu une « inscription sur une liste de qualification aux fonctions de maître de conférences », que le Ministère seul délivre. Cette démarche, détaillée ici, est un préalable au recrutement par toute université française : la qualification est une sorte de visa pour l'emploi d'enseignant-chercheur.

1. La « qualif' », mode d'emploi

Le parcours de la qualification est long et complexe ; la procédure change régulièrement, et l'arrivée d'Internet en 2003 n'a guère simplifié le processus. Les principaux écueils sont le calendrier – en cas de dépassement de date, le dossier est automatiquement refusé avec la mention « hors délai »-, et les pièces du dossier – un seul oubli et le dossier est aussitôt déclaré « irrecevable ».

La qualification est décernée au nom du Ministre de l'enseignement supérieur et de la recherche par le Conseil national des universités (CNU), composé d'enseignants-chercheurs (moitié Professeurs des universités, moitié Maîtres de conférences) qui sont nommés par le Ministère ou élus par leurs pairs tous les quatre ans. Le CNU est organisé par discipline, qu'on nomme « section » ; celle qui porte le numéro 71 est baptisée « Sciences de l'information et de la communication », et comprend 24 membres[43]. C'est donc devant la 71e section du CNU que votre dossier doit passer pour obtenir la qualification en « Sciences de l'information et de la communication ».

La procédure de qualification, telle qu'elle s'exerce en 2007, comprend des étapes impératives : publication des dates officielles au

---

43 La liste est sur le site <http://cnu71.free.fr> ainsi que sur le site du Ministère.

Journal officiel[44], inscription, réception des noms des rapporteurs, envoi des dossiers, attente du résultat... (cf. Tableau). Si vous suivez bien toutes les étapes, la qualification est un parcours de santé...

Parcours de la qualification		
Calendrier	**Tâches liées à la qualification**	**Source**
Juin	Publication des dates officielles organisant la procédure de qualification pour la nouvelle campagne	Journal officiel
Septembre	Ouverture des inscriptions	Site Web : ANTARES
Octobre	Clôture des inscriptions	Site Web : ANTARES
Novembre	Désignation des rapporteurs pour chaque candidature et affichage sur le site du Ministère	Site Web : ANTARES
Novembre à décembre	Envoi des dossiers aux rapporteurs	Courrier (avec accusé de réception)
Février	Réunion de la 71e section du Conseil national des universités. Deux rapporteurs par candidature, délibérations plénières	
Mars	Affichage des résultats de la qualification	Site Web : ANTARES

2. L'inscription à la Session de qualification

Dès la « session de qualification » ouverte, connectez-vous sur le site dédié du Ministère[45]. Remplissez le questionnaire de deux pages avec les renseignements demandés : identité, situation professionnelle actuelle, activité professionnelle passée (allocataire, allocataire moniteur, attaché temporaire d'enseignement et de recherche, stage post-doctoral), diplômes, expériences éventuelles en matière professionnelle, pédagogique, administrative et de recherche... Cette étape du questionnaire n'est ni longue ni difficile, mais elle est essentielle : c'est à partir des données renseignées ici que la section du CNU commence à travailler sur votre cas. Pour le moment, le questionnaire rempli ne donne lieu à rien d'autre qu'à la délivrance d'un numéro de dossier, précieux, qui est désormais le vôtre jusqu'au recrutement éventuel. Ne le perdez pas, naturellement, pas davantage que le mot de passe qui y est associé.

44 Consultable par Internet sur <http://www.legifrance.gouv.fr> ou sur le site du Ministère <http://www.education.gouv.fr/personnel/enseignant_superieur/enseignant_chercheur/calendrier_qualification.htm>.

45 <http://www.education.gouv.fr> puis « Concours, emplois et carrières » / « Personnel enseignant du supérieur et chercheurs » / « Les enseignants-chercheurs ».

Conseil 1. Inscrivez-vous sur ANTARES que la thèse soit finie ou non

Normalement, il faut avoir soutenu sa thèse devant jury avant de demander sa qualification. Mais certains candidats « jouent la montre » – avec raison. En effet, quand on sait qu'on peut soutenir avant la fin de l'année (plus exactement avant la date limite indiquée dans le décret fixant le calendrier, généralement mi-décembre), il est possible et nécessaire de s'inscrire à la campagne de qualification avant même d'avoir soutenu. On envoie le dossier sans attestation ni rapport de soutenance – et on comble leur absence dans les tout premiers jours de janvier. Et on n'oublie pas de briller en soutenance !

Conseil 2. Obtenez une qualification dans plusieurs sections

La règle veut qu'une qualification dans une section du CNU vaut pour toutes les autres sections. Ainsi une personne qualifiée en SIC peut-elle postuler dans une université sur un poste siglé Sociologie. Mais, en termes de légitimité, la qualification par la même section que le poste visé est la meilleure des stratégies. Les candidats sont amenés par conséquent à multiplier les qualifications, d'autant plus facilement que deux raisons objectives y concourent : les objets des SIC sont toujours à la frontière d'autres disciplines ; les postes offerts par les universités sont parfois siglés dans deux sections (entre 1993 et 2005, c'est le cas de 12 % d'entre eux) : informatique, sciences de l'éducation, esthétique, etc. Ceci dit, s'il est pertinent de présenter une demande de qualification dans plusieurs sections, il ne faut le faire à la légère : il est hors de question par exemple de présenter le même dossier dans deux sections différentes sans y apporter un minimum de corrections. Il est ainsi de bonne guerre de faire ressortir les éléments pertinents pour une section, et d'en faire disparaître d'autres qui marqueraient trop l'approche « hétérodoxe »...

De même, il est impératif de joindre au dossier une lettre en forme d'argumentaire qui explique pourquoi vous estimez bon de vous éloigner de votre discipline d'origine. Sachez que la concurrence est rude entre les sections ; aucune d'elle n'est prête à vous faire de cadeau si vous ne correspondez pas effectivement aux axes prioritaires de la section. L'envoi d'un dossier de candidature dans une section extérieure demande donc un travail de documentation important et préalable (quelques éléments propres à chacune des sections sont exposés sur le site de la Conférence permanente des CNU : <http://www.cpu.fr/cp-cnu>).

3. La désignation des rapporteurs

Sitôt la période des inscriptions close, le Ministère compile les fiches recueillies sur Internet et les envoie à la section concernée. Matériellement, cela représente une grosse pile de feuilles imprimées sur du papier ordinaire qu'un(e) fonctionnaire du Ministère remet au ou à la Président-e de la section, et que celui-ci ou celle-ci traîne jusque devant ses collègues du Bureau (un Bureau de quatre personnes est en effet élu au sein de chaque CNU pour gérer les affaires courantes)... Ensuite, au vu de ces seules informations, le Bureau attribue les dossiers aux conseillers. Ces dernières années, en 71e section, chaque conseiller se voyait confier 30 à 35 dossiers.

Une fois désignés, les conseillers deviennent les « rapporteurs » de votre dossier auprès de la Section : à la manière d'avocats, ils relèvent dans leur « rapport » les éléments pertinents (positifs ou négatifs) qui peuvent éclairer l'assemblée qui, seule, décide de votre qualification éventuelle. Ce ne sont donc pas les rapporteurs qui « font » la décision (il n'y a pas lieu de trembler parce que vous avez entendu telle ou telle rumeur sur un *killer* ou sur un complot anti-X). La décision est toujours collégiale, *volens nolens*, et les effets de manche des orateurs sont largement compensés par les tensions qui traversent la communauté des enseignants-chercheurs et qui se retrouvent au sein des 24 personnes qui composent la section.

Conseil 3. N'attendez pas le nom des rapporteurs par la poste

Attention, le nom des rapporteurs n'est pas envoyé au domicile des candidats. Dans le passé, le Ministère l'envoyait par la poste ; maintenant, il ne l'affiche que sur la page personnelle de chacun des candidats (menu « Rapporteurs », lien « désignés »). Il vous revient d'aller consulter régulièrement cette page.

4. Le dossier envoyé aux rapporteurs

Dès que le nom des rapporteurs vous est communiqué, vous devez envoyer une copie de votre dossier de qualification à chacun d'eux. Privilégiez l'envoi postal avec accusé de réception, même si rien ne vous y oblige : en cas de litige, vous aurez une preuve de la réception, et de sa date exacte. L'étape de la constitution du dossier est cruciale : il ne faut rien oublier, et il faut y apporter beaucoup de soin. C'est le moment d'investir dans la papeterie... Ne soyez pas chiche... Ne mégotez pas sur les beaux intercalaires et les belles chemises... Croyez-vous que ce soit un détail ? Non : quand un rapporteur se retrouve devant une montagne de colis postaux, les dossiers qui sont bien présentés, bien emballés, bien ordonnés lui sont instantanément plus sympathiques...

Mis à part le soin et l'esthétique que l'on doit apporter à la constitution du dossier, il faut s'assurer de la présence des documents obligatoires. La liste en est donnée dans l'arrêté relatif à la procédure d'inscription sur la liste de qualification, mais le résumé en est aisé :

- photocopie d'une pièce d'identité (même étrangère : la nationalité n'est pas un critère pertinent) ;
- copie du diplôme de doctorat (ou attestation du Service des diplômes) ;
- *curriculum vitae*, structuré en trois parties (recherche, enseignement, encadrement) ;
- copie du rapport de soutenance de la thèse de doctorat, signé par tous les membres du jury (sans rature ni modification quelconque) ;
- copie des travaux, ouvrages et articles disponibles (maximum : 3 ; minimum : 1 ; la thèse vaut pour 1).

Que ce soit clair : s'il manque l'une de ces pièces, ou si l'une des pièces est douteuse, le rapporteur n'examinera pas votre dossier, se contentant d'indiquer sur son rapport la cinglante mention « Irrecevable ».

Conseil 4. Évitez à tout prix les documents en retard

Aucune des pièces obligatoires ne peut être envoyée en retard, à l'exception du rapport de soutenance (s'il est en cours de rédaction). Prévoyez toutefois un justificatif : demandez à votre directeur-trice de thèse ou au président-e du jury une lettre confirmant que le rapport est en cours de rédaction. À tout le moins, précisez aux rapporteurs la raison de l'absence du rapport, et la date à laquelle vous pourrez l'envoyer. Enfin, vérifiez bien que le rapport est signé par tous les membres du jury et qu'il ne manque aucune feuille. Pour les autres pièces du dossier, aucun retard n'est toléré. Même le diplôme : si vous ne pouvez pas en fournir de photocopie, produisez une attestation dès le premier envoi. De même pour les publications : si elles sont « sous presse », envoyez une attestation du rédacteur en chef, du coordinateur du numéro ou de l'éditeur (faute de quoi elles seraient considérées comme... inexistantes).

Conseil 5. Fuyez les documents sous format électronique

Aucun texte ne s'oppose à la transmission des pièces sous forme électronique (cédérom, courriel, site Web, etc.). Pourtant, il est fortement déconseillé de s'y essayer. D'abord parce que certaines contingences techniques empêchent un examen serein des documents ; ensuite parce que certains rapporteurs y sont tout à fait réfractaires ; enfin, parce que l'expérience démontre que la démarche est encore risquée en 71e section. Ce conseil est valable pour la thèse également : même si cela vous coûte les yeux de la tête, préférez une impression sur papier, aux normes universitaires habituelles.

Conseil 6. Les cas particuliers (absence de doctorat, candidature à titre professionnel)...

Un certain nombre de cas particuliers sont prévus par les textes : pas de doctorat, candidature à titre professionnel, etc. Veillez à respecter les règles qui s'appliquent spécifiquement à ces cas, rares toutefois.

Conseil 7. Forcez-vous sur la lettre d'accompagnement !

Bien qu'elle ne soit pas obligatoire, il est fortement, très fortement conseillé d'accompagner les pièces du dossier par une lettre adressée au rapporteur. À quoi sert-elle ? D'abord, c'est la moindre des politesses : vous écrivez tout de même à quelqu'un ! Ensuite, c'est l'occasion de vous expliquer sur un point précis : la pertinence de votre candidature. Pourquoi postulez-vous en effet en 71e section, et pas ailleurs ? Enfin, c'est une manière également d'orienter délicatement le rapporteur sur les aspects les plus intéressants de votre dossier, d'expliquer les absences ou les carences, et en somme de donner de la matière pour l'écriture du rapport de qualification...

Conseil 8. Présentez votre CV à la manière d'un enseignant-chercheur

Pour le dossier de qualification, forcez-vous un peu sur la présentation du CV : il ne s'agit pas de reprendre le modèle-type de votre traitement de texte et de le remplir au hasard ! Au contraire, suivez bien la logique demandée partout, et faites apparaître :

- vos travaux de recherche (publications, communications, participation à des travaux de laboratoires, direction de numéros thématiques, etc.) ;
- votre expérience d'enseignement (charges de cours, vacations, interventions ponctuelles, formations professionnelles, etc.) ;
- votre expérience d'encadrement (direction de mémoire, encadrement de stages et de projets tutorés, direction de projets de recherche, direction d'équipes, animation, *coaching*, création d'association, création d'entreprise, etc.).

Ces trois catégories doivent apparaître franchement : n'hésitez pas à marquer chacune des parties à l'aide de dispositifs formels.

Naturellement, les règles de présentation élémentaires sont de mise : conservez les mêmes normes bibliographiques partout ; ne faites aucune (mais alors, aucune) faute d'orthographe ; brochez ou reliez vos documents...

Conseil 9. Prenez contact avec vos rapporteurs en cas de force majeure

Il est délicat de prendre contact avec les rapporteurs, non que ce soit interdit, mais parce que les relations sont souvent difficiles dans ce contexte. Cependant, si un problème matériel se pose (un rapport de soutenance qui prend du retard, un accusé de réception qui est reçu par l'un des deux rapporteurs mais pas par l'autre, etc.), il est évident que vous êtes fondé-e à prendre langue avec les rapporteurs.

De même, après la session de qualification, ne soyez pas trop impatient-e et surtout ne demandez pas vos rapports aux rapporteurs, ni *a fortiori* « des explications ». Les seuls services du Ministère sont habilités à vous transmettre les documents.

5. Comment est évalué votre dossier ?

Lorsque les rapporteurs évaluent le dossier de qualification d'un candidat, ils dressent le rapport des éléments à charge et à décharge ; ils le font en fonction de la grille tripartite que l'on vient de voir (recherche, pédagogie, administration), ce qui explique que vous leur facilitez largement le travail si vous organisez votre dossier dans ce sens. Le rapport qu'ils rédigent est long d'une à deux pages : y sont consignées objectivement vos activités, ainsi qu'un avis subjectif proposé à l'assentiment de l'assemblée (trois avis possibles : positif, négatif, dubitatif). Comme il s'agit de matériau « humain », au sens où aucun dossier ne ressemble à un autre et où les profils universitaires sont très divers, le travail des rapporteurs réside précisément dans la pondération des différents éléments. On pourrait résumer les critères d'évaluation à ceux-ci :

- l'inscription dans la discipline (attache disciplinaire du diplôme ; affiliation du directeur-trice de thèse ; affiliation des membres du jury ; objets de recherche ; etc.) ;
- la qualité du dossier (indiquée par les commentaires du rapport de soutenance ; par l'obtention des félicitations du jury ; par la qualités des collaborations ; par la réputation des revues ; etc.) ;
- une expérience minimale dans les trois domaines d'expertise demandée aux aspirants maîtres de conférences (au moins une publication en sus de la thèse ; au moins un cours ou une série d'interventions publiques ; au moins un indicateur d'engagement dans l'encadrement).

Le candidat idéal, ce serait donc une personne qui a envoyé un dossier complet, qui a fait toutes ses études en SIC depuis la licence jusqu'au doctorat, qui a un-e directeur-trice de thèse affilié-e aux SIC, qui a réuni un jury majoritairement SIC, qui a un rapport de soutenance élogieux, qui a obtenu les félicitations du jury, qui a publié deux articles dans des revues reconnues par les SIC, qui a donné deux charges de cours dans une thématique reconnue en SIC, et qui a encadré des mémoires de maîtrise en SIC et participé aux jurys de projets tutorés... Bref, c'est exceptionnel !

Naturellement, très rares sont les candidats qui remplissent à la perfection toutes les conditions. L'objectif des rapporteurs est donc de pondérer les éléments propres à chaque candidat : par exemple, un mauvais rapport de soutenance est compensé par des publications nombreuses ; un diplôme dans une autre discipline est contrebalancé par des publications dans les revues de référence en SIC ; une absence d'expérience d'encadrement est équilibrée par une implication dans une activité caritative...

Conseil 10. Les revues de référence en SIC

L'un des bons critères pour juger de l'insertion dans le champ disciplinaire de la 71e section consiste à relever les noms des revues dans lesquelles les candidats ont publié, et à les comparer avec la liste des revues dites de référence (dont on trouve la liste sur le site <cnu71.free.fr>). Ça ne veut pas dire qu'il ne faut pas publier ailleurs, ni a fortiori en langue étrangère, mais ça veut dire qu'un candidat qui pressentirait que son dossier souffre d'un positionnement disciplinaire tangent aurait tout intérêt à « redresser la barre » en publiant dans l'une de ces revues reconnues.

Conseil 11. Y a-t-il des objets de recherche plus légitimes que d'autres ?

La 71e section ne se ferme aucune porte et ne rejette *a priori* aucun objet de recherche. Toutefois, devant l'afflux de candidats chimistes parlant de communication moléculaire, la 71e section s'est donné un code de bonne conduite, en l'occurrence un document intitulé « Domaines de compétences de la 71e section » (que l'on trouve toujours sur <cnu71.free.fr>). On y lit que le champ, *« résolument interdisciplinaire »*, recouvre préférentiellement 5 types d'objet :

- les notions d'information et de communication ;
- les processus, les productions et les usages de l'information et de la communication, les processus de médiation et de médiatisation ;
- les acteurs, individuels et institutionnels, de l'information et de la communication ;
- l'information, son contenu, ses représentations ;
- les médias de communication et les industries culturelles.

C'est là le cœur de cible de la 71e section, là où les candidatures sont les moins problématiques. Ceci dit, pourvu que *« la dimension humaine, les significations, les représentations sociales, les formes d'écritures et d'appropriation ou les stratégies des acteurs »* soient au centre de la problématique, la section ne se refuse pas à qualifier des candidats qui traiteraient :

- d'intelligence économique, territoriale ou collective, d'information médicale ou géographique, de traitement automatique de la langue, de lexicographie, d'infométrie, de services en ligne (e-learning, e-commerce, e-gouvernance...), des interfaces homme-machine, du Web sémantique ;
- de cinéma, d'audiovisuel, des spectacles, des arts, des productions littéraires, d'édition, de *design*...
- des musées, des bibliothèques, des archives, des autres institutions culturelles...

Ces objets sont légitimes mais tangents, en ce sens qu'ils nécessitent l'explicitation de l'approche disciplinaire. Quelqu'un qui ferait de l'analyse filmique dans sa thèse sans étudier les conditions de production ou de réception serait renvoyé dans ses cordes (c'est-à-dire dans sa section « naturelle », la 18e, celle d'esthétique) ; quelqu'un qui rédigerait du code pour des interfaces Web sans parler de stratégie ni d'appropriation serait également écarté, au profit de la 27e section… Bref, la 71e section est ravie d'accueillir des candidats de haut niveau prêts à renouveler les objets et les problématiques du champ… encore faut-il qu'ils montrent patte blanche et marquent le respect pour la discipline déjà constituée.

6. Le déroulement de la session de qualification

Le déroulement de la session de qualification fait rêver ou cauchemarder les candidats. Il n'a pourtant rien de particulièrement irréel. La session a lieu traditionnellement en février ; chaque conseiller reçoit une convocation du Ministère quelques semaines auparavant, en même temps qu'il achève ses rapports.

Le premier jour de la session, qui dure une semaine environ (deux tiers du temps étant consacré à la qualification des maîtres de conférences, un tiers à celle des professeurs – eh oui, le processus est à recommencer quand on veut passer à l'échelon supérieur !), les conseillers se retrouvent dans la salle de cours d'une université obligeante (le CELSA ou le CNAM par exemple), munis de leurs rapports et de quelques-unes des pièces liées aux dossiers à traiter (souvent le CV du candidat).

À l'appel du nom des candidats, les rapporteurs se prononcent : « Favorable », « Défavorable », « Réservé »… Et puis la ronde commence : l'un des rapporteurs lit son rapport, l'autre le complète (ou non), et la discussion collective commence : « Oui, mais pourquoi qualifier celui-là alors qu'on n'a pas qualifié celle-là qui avait le même profil ? » ; « Dans cette région, il y a des laboratoires en SIC ; pourquoi ne s'y est-elle pas inscrite ? » ; « Des cours de soutien en français, ça ne fait pas lourd comme expérience pédagogique » ; etc. Parfois la décision est consensuelle ; parfois elle ne l'est pas, et un vote à bulletin secret clôt la discussion. Et ainsi de suite pour tous les candidats. À la fin de la session, le ou la Président-e de la section apporte le résultat au Ministère, ainsi que les deux rapports par candidat… Peu après, quelques semaines au plus, les résultats apparaissent sur Internet.

Conseil 12. Que faire en cas de non qualification ?

En tout état de cause, ne vous découragez pas en cas d'échec... Ce n'est pas parce qu'on est refusé une fois qu'on l'est toujours. Mais, avant de re-candidater, il faut absolument comprendre les raisons de l'échec. Trois moyens, complémentaires : demander et obtenir les deux rapports (auprès du Ministère) ; en discuter avec son-sa directeur-trice de thèse ; en discuter avec des amis, collègues. Et tenter d'y voir clair. Si l'on décèle un problème dans le positionnement disciplinaire (une thèse obtenue en socio, des publications dans des revues de sciences de l'éduc', des cours donnés dans un DUT de gestion, etc.), se donner un an pour redresser la barre : publier dans les revues du champ, intervenir dans des diplômes de SIC, etc. Si le rapport de soutenance est désastreux, se donner un an pour publier énormément et montrer que la thèse n'était qu'un accident...

Enfin, pour ceux qui ne sont pas parvenus à se faire embaucher par une université au terme des 4 ans que dure l'inscription sur la liste de qualification aux fonctions de maître de conférences, la procédure s'applique à nouveau : il faut redemander une qualification, en mettant en avant le maintien des activités normales d'enseignant-chercheur (recherche, enseignement, encadrement) malgré l'absence de titularisation. Le dossier à présenter est le même que pour une qualification « normale » (pièces obligatoires, publications, etc.) ; seule la lettre d'accompagnement est un peu particulière puisqu'elle résume les ajouts au dossier depuis la dernière qualification. Sur la période de référence (1998-2007), la demande d'une nouvelle qualification a concerné 6 candidats en moyenne par an (57 en tout), et s'est soldée par deux tiers de requalifications[46].

Munis de tous ces conseils et recommandations, les prétendants au poste de maître de conférences devraient être mieux armés pour affronter l'étape de la qualification. Pour le dire en quelques mots, il s'agit essentiellement d'une démarche disciplinaire, ce qui revient à dire que cela mobilise des compétences essentiellement stratégiques. Il n'est pas déconseillé de se faire aider : mettez à contribution tous vos proches, et en particulier les directeurs de thèses, de labos, et les amis qui ont passé l'épreuve...

---

[46] Source : MENESR, ANTARES, 1998-2007. Traitement : P. Froissart, 2007.

Les entretiens de recrutement aux postes de maîtres de conférences

Parcoursic : Quels conseils donneriez-vous aux candidats aux postes de maître de conférences ?

Interviewée 1 : D'abord il faut appeler la personne contact. Pour chaque poste, il y a un descriptif du poste sur une fiche standard, et normalement il y a le nom d'une personne à contacter pour en savoir plus. Il faut essayer de les avoir au téléphone, ou au moins par mail pour obtenir un profil de poste plus détaillé et comprendre la logique de ce qu'ils cherchent. Et en fonction de cela, il faut faire un dossier, mettre en avant ton parcours par rapport au poste... Moi j'ai écrit à chaque fois une lettre précise sur mon parcours. En plus, j'avais produit un dossier relié dans lequel apparaissaient mes activités de recherche, d'enseignement et d'encadrement, le tout faisant à peu près vingt pages.

Interviewée 2 : Je pense que déjà il faut parler de stratégie, par exemple est-ce que tu veux juste être à Paris ? Ce qui à mon avis est une mauvaise stratégie parce que les trois quarts des postes sont en province. Ensuite, est-ce que tu postules seulement sur les postes qui correspondent à ton profil ? Ou bien est-ce que tu postules à un certain nombre de postes, voire à plusieurs postes dans la même fac ? Moi je n'ai pas osé appeler les gens, je ne savais pas trop comment aborder le sujet. Toutefois c'est aussi un moyen de te faire connaître, donc il faut le faire. Quant aux profils des postes, la manière dont ils sont décrits est extrêmement succincte, pour deux intitulés identiques tu peux avoir deux postes complètement différents. Moi j'ai complété ces informations en notant le profil des postes et en tapant le code du poste et « MCF 71 » sur un moteur de recherche. Un mois avant les entretiens, j'ai pu avoir le détail de tous les postes. C'est une obligation pour les universités de détailler le profil du poste. Donc la stratégie est plutôt de voir très largement tous les postes sur le journal officiel, d'imprimer tous les profils des postes, et de déterminer ceux auxquels on veut postuler ou pas. Sur les profils, cette année-là, il y avait beaucoup de postes « communication des organisations », « nouvelles technologies », apparemment c'était les tendances, et énormément de postes dans les IUT, parce que c'est ceux qui produisent le plus de postes de maîtres de conférences. Il faut aussi savoir que l'on peut candidater sur des postes pour lesquels il y a une demande de mutation et pour le coup les mutations sont prioritaires, donc il faut penser que s'il y a beaucoup de rejets c'est aussi pour cette raison, et pas forcément parce que l'on est incompétent. Concernant le dossier de préparation, j'ai demandé conseil à un professeur, notamment parce que le dossier de recrutement ne ressemble pas forcément au dossier de CNU. La logique est différente. Cela m'a coûté énormément d'argent, notamment parce que l'esthétique est extrêmement importante. J'avais une pochette et à l'intérieur j'avais trois petits documents. Chaque document, qui correspondait à un type d'information, était avec une couleur particulière. Donc il y avait un volet recherche, un volet *curriculum vitae*, et un volet administratif.

Interviewée 1 : Ce qui est demandé dans le journal officiel, et c'est très flou, c'est un CV détaillé. Or dans un CV détaillé tu peux mettre tout et n'importe quoi. C'est pourquoi il faut séparer le CV et produire un document plus détaillé dans lequel tu indiques quels sont tes travaux de recherche et tes enseignements. Le mieux étant de l'adapter au profil du poste. Il faut mettre en avant les projets de recherche dans lesquels on est impliqué, mais ça peut se retourner contre soi, moi on m'a demandé : « Vous êtes très impliquée dans ce projet de recherche mais êtes vous prête à l'abandonner pour venir chez nous ? ». Et en même temps, si tu ne montres pas que tu t'es insérée dans des projets de recherche, ça se retourne contre toi aussi....

Interviewé 3 : J'ai postulé à quatre ou cinq postes, dont l'un correspondait parfaitement à mon sujet de recherche. Et c'est vrai que le reste des profils était axé sur les nouvelles technologies, l'informatique. Pour le projet de recherche, j'ai essayé de m'informer, via les sites des universités, de ce qu'ils faisaient, des projets de recherche en cours et de quel pourrait être mon apport éventuel. Quand on parlait des stratégies parisiennes ou autres, il faut aussi penser aux questions familiales, ce sont des questions posées : « Avez-vous des enfants ? Est-ce que vous allez faire des allers-retours ? ».

Parcoursic : Comment vous êtes-vous préparés aux auditions ? Comment se déroulent-elles ?

Interviewée 1 : Concrètement, l'entretien se déroule de la façon suivante : tu parles durant 10 minutes de ton parcours, ton profil, tes études, tes recherches, les atouts de ta candidature... Ensuite tu as une dizaine de minutes de questions.

Interviewée 2 : On demande souvent « Avez-vous eu des entretiens ailleurs ? Avez-vous eu des résultats ? ». Il faut se préparer avant ces entretiens à une violence symbolique. Ne pas oublier non plus qu'il s'agit d'une rencontre personnelle et que nos recruteurs nous embauchent sur du long terme. Il existe aussi un certain clientélisme qui n'a rien à voir avec les compétences professionnelles. Il faut en avoir conscience pour ne pas trop mal vivre le non recrutement sur les postes. Il y a une remise en question très importante qui n'a rien à voir avec la soutenance...

Interviewée 1 : Il faut se dire que, au niveau où l'on arrive, tout le monde a un très bon dossier et une très bonne thèse... Ce qui joue, c'est le fait que tu connais un peu les gens dans la commission, la manière dont tu gères ton audition, ton profil... J'ai parfois été mieux classée sur des postes où je me sentais moins compétente que sur ceux où il me semblait que le profil me correspondait le mieux.

Interviewée 2 : Moi j'ai été coaché par des enseignants qui m'ont fait rédiger mes auditions en fonction de chaque profil. Je me suis retrouvée en situation de me vendre, il m'a fallu mettre certaines choses en valeur, ça n'a rien à voir avec une thèse. Il s'agit d'un entretien professionnel, il y a un vrai relationnel qui s'installe et ce travail permet aussi de se faire connaître de gens avec lesquels on peut ensuite être amené à travailler. On peut donc être reçus en entretien parce que le sujet sur lequel on travaille retient l'attention de certains membres de la commission... C'est pourquoi on peut parfois avoir l'impression de ne pas être auditionné très sérieusement, tout en ayant un échange intéressant. Il faut aussi préciser qu'il existe des commissions mixtes, qui réunissent des gens issus de disciplines différentes. La décision peut être prise tôt et communiquée tard, certains candidats locaux peuvent ne pas être pris. Il n'y a pas de règles...

Deuxième partie

Chercheurs en action : objets, terrains, méthodes

Chapitre 3

Apprivoiser son corpus

La constitution et l'analyse du (ou des) corpus – entendus comme ensembles de documents ou de matériaux analysés dans le cadre d'une recherche scientifique – constituent deux étapes essentielles pour le doctorant en Sciences de l'Information et de la Communication. « Maîtriser », « apprivoiser », « dompter » : les termes employés par les auteurs traduisent les difficultés inhérentes à cette phase de la thèse.

Comment constituer et délimiter son corpus ? Le texte d'Amandine Kervella et Elodie Kredens, toutes deux doctorantes à l'université Lyon 3, ouvre le débat sur cette question, en posant le problème de la réduction d'un corpus « géant ». Puis Laurence Leveneur, docteure de l'université Paris 3-Sorbonne Nouvelle, évoque la constitution d'un corpus basé sur les archives télévisuelles de l'INA.

Le texte d'Isabelle Hare et Emilie Roche, respectivement doctorante et docteure (université Lyon 2), fait le lien entre la phase de constitution du corpus et celle de son analyse, tout en soulignant la place que peut prendre l'interdisciplinarité dans l'analyse des corpus.

Enfin, les deux derniers textes présentent des exemples d'analyse qui s'inscrivent dans deux courants méthodologiques distincts : l'analyse de contenu et l'analyse de discours. Aurélie Aubert, docteure de l'université Paris3-Sorbonne Nouvelle, présente l'analyse de contenu quantitative et qualitative de son corpus de thèse, constitué de courriers de téléspectateurs. Puis Julien Auboussier, doctorant à l'université Lyon 2, développe une réflexion sur l'analyse des discours de presse qui le conduit *in fine* à remettre en question la constitution d'un corpus figé *a priori*, dès le début de la recherche.

On le voit à travers ces textes portant sur des corpus de nature variée (corpus de presse, audiovisuel, Internet, matériaux recueillis sur le terrain), la constitution et l'analyse du corpus s'avèrent intimement liées et difficilement dissociables. Plus qu'à deux étapes successives, c'est souvent à des « va et vient » entre ces deux « moments » de la recherche que se livrent les doctorants.

Gérer et domestiquer un corpus géant

Amandine Kervella, Elodie Kredens

Tout apprenti chercheur, quel que soit son domaine ou son objet d'analyse, doit composer durant son travail avec un compagnon d'étude qu'il faut pouvoir apprivoiser voire dompter pour en optimiser le partenariat souvent tumultueux. Ce compagnon n'est autre que le corpus, qui donne du fil à retordre à de nombreux doctorants. Bien qu'œuvrant toutes deux sur des objets qui paraissent apparemment difficilement conciliables et comparables – le terrorisme et la télé-réalité – nous pensons néanmoins que les problèmes d'ordre méthodologique transcendent les sujets et leur problématique, la gestion d'un corpus est l'un des dénominateurs communs à la communauté doctorante. Par ailleurs, nos sujets[47] concernent tous deux la couverture médiatique d'un ou plusieurs événements et génèrent potentiellement des corpus d'analyse géants. Nous souhaitons ici faire part de nos expériences face à de tels corpus et de nos cheminements dans le processus de leur « domestication ».

Nous évoquerons tout d'abord la construction du corpus et nous verrons qu'elle ne peut intervenir sans une définition préalable et précise de son sujet ainsi qu'une réflexion raisonnée autour des choix à effectuer entre les différents supports médiatiques. Puisqu'une première délimitation du corpus ne saurait suffire, nous ferons part de nos « recettes de réduction » qui sont souvent le fruit de longs tâtonnements mais qui restent le préalable essentiel au travail d'exploitation. Ainsi, nous exposerons ensuite nos méthodes de sélection.

1. La construction du corpus ou l'obligation de mieux définir son sujet

1.1. L'adéquation du corpus au travail de définition du sujet

Nos expériences nous ont prouvé que le travail de sélection du corpus était intimement lié à celui de définition du sujet et de la problématique car il existe entre ces deux étapes un « va et vient »

---

47 « L'impact de la guerre contre le terrorisme sur la médiatisation du conflit israélo-palestinien dans la presse française » pour A. Kervella et « Enquête autour de la télé-réalité : de l'analyse du scandale "Loft Story" dans la sphère publique médiatique à la réception contrastée de "Star Academy" dans la sphère publique non médiatique » pour E. Kredens.

permanent, une dialectique qu'il ne faut pas craindre d'expérimenter. Nous avons ainsi été amenées à conclure qu'il était beaucoup plus pertinent de mener parallèlement ces deux étapes. Tenter de finaliser son sujet, sa problématique et son plan sans s'être, de manière conjointe, plongé dans la matérialité du corpus peut constituer selon nous une perte de temps. Il faut en effet garder à l'esprit qu'il existera toujours un écart entre le corpus « imaginé » et le corpus « finalisé ». Or, cet écart oblige, dans différentes proportions, à repenser son sujet, sa problématique et son plan...

Dans le cadre de son travail de thèse sur la médiatisation du terrorisme, Amandine Kervella souhaitait à l'origine étudier la médiatisation des conflits israélo-palestiniens et tchétchènes. Elle s'est cependant rapidement heurtée au problème de la délimitation de la représentation médiatique d'un « conflit ». Quels sujets entraient en compte ? Ceux concernant un attentat et les « ripostes » à cet attentat étaient à inclure dans le corpus de manière indiscutable, mais un conflit ne peut s'y limiter. Fallait-il ou non intégrer dans le corpus les articles portant sur des « opérations préventives » menées par les Etats impliqués, les articles ne traitant pas de la violence mais de questions de politiques intérieures qui nous disent, eux aussi, quelque chose du conflit ? Face à ce questionnement et au corpus potentiellement géant qu'il impliquait, il a finalement été décidé de sélectionner le corpus autour de différents attentats. Or, ce choix a eu une forte incidence sur la problématique et le plan. Une partie importante du travail a par exemple été construite autour de la définition du concept de « terrorisme ».

Quant à Elodie Kredens, dans le cadre de sa recherche sur la médiatisation de la polémique sur la télé-réalité, l'ensemble de ses lectures sur le thème de « la polémique » lui a fait apparaître qu'il est possible de distinguer l'emploi substantivé et adjectivé de ce terme. Selon C. Kerbrat-Orecchioni, une polémique désigne un échange verbal lors duquel deux camps s'affrontent alors que *« l'adjectif qualifie la production discursive de l'une seulement des parties en présence »*[48]. Sur cette base, on peut également considérer un usage féminin et masculin du terme « polémique ». Dans cette optique « le » polémique renverrait au discours qui attaque alors que « la » polémique concernerait plus largement l'échange polémique. On insiste dans un cas sur l'une des parties

[48] C. KERBRAT-ORECCHIONI, « La polémique et ses définitions », C. KERBRAT-ORECCHIONI, N. GELAS, M. LE GUERN (Dir.), *Le discours polémique*, Lyon, PUL, 1980, p. 9.

prenantes de la polémique, dans l'autre on se focalise sur sa dimension dialogique et l'on intègre alors le discours assaillant et le discours défendant. Grâce à cet élément de définition on peut alors choisir, d'entrée de jeu, de ne se pencher que sur « le » polémique, de ne constituer son corpus que sur ce critère et de réunir seulement le discours attaquant, c'est-à-dire toutes les prises de positions qui sont défavorables à la télé-réalité.

1.2. Le support médiatique

Mener un travail de thèse basé sur des documents audiovisuels peut difficilement s'envisager sans recours systématique aux fonds et aux outils de l'Inathèque à Paris. Or, cela suppose de fortes contraintes matérielles et financières lorsque l'on n'appartient pas à un laboratoire de recherche parisien. Le choix d'un corpus de presse constitue donc parfois, en partie, un choix par défaut, ce qui ne l'empêche cependant pas de demeurer un choix pertinent – en témoigne le cas de la polémique qui porte sur *Loft Story*. Pour en rendre compte il s'avère que le support de presse se présente comme le plus adéquat. Du point de vue de la terminologie, C. Kerbrat-Orecchioni nous apprend qu'*« une polémique se déroule essentiellement, d'après la quasi-totalité de nos dictionnaires, par écrit »*[49]. Même si elle précise qu'il ne faut pas retenir ce trait comme une caractéristique déterminante il semble que la polémique trouve dans l'écriture une condition d'existence historiquement avérée. La presse écrite semble la meilleure option à retenir d'autant que d'autres auteurs confirment dans leurs travaux cette piste. Ainsi, P. Marion s'appuie sur *« l'avis largement partagé suivant lequel la presse écrite offre à la polémique le meilleur épanouissement médiagénique »*[50]. Selon lui, elle assure une interaction différée propice à l'argumentation et *« se prête donc bien à la progression rhétorique d'une pensée polémique dès lors qu'elle se doit de construire son jeu, de "réfléchir" à la stratégie de ses coups »*[51] Dans la phase de constitution de son corpus il ne faut pas hésiter à s'appuyer sur des auteurs qui ont réfléchi à la question quand bien même leurs sujets de recherche diffèrent des nôtres.

---

[49] *Ibid.*, p. 11.
[50] P. MARION, « Médiagénies de la polémique. Les images "contre" : de la caricature à la cyberconstestation », *Recherches en communication* n°20, 2003, p. 136.
[51] *Ibid.*, p. 11.

2. Poser les limites du corpus ou l'obligation de réduire

2.1. Une position à trouver entre arbitraire, subjectivité, scientificité et représentativité

Déterminer un principe de sélection du corpus a, pour nous, fortement signifié élaborer un principe de réduction de ce corpus. Or, cette démarche ne s'accomplit pas sans réticences… Tout d'abord, nous avons dû prendre conscience de **l'idéal d'exhaustivité** du corpus qui nous habitait et réaliser que sélectionner ne signifiait pas renoncer mais rationaliser. De même, il a fallu se départir du mythe de la couverture complète d'un sujet comme la télé-réalité ou la médiatisation du terrorisme, c'est-à-dire assumer de proposer une approche spécialisée et problématisée de ces sujets généraux. Nous avons également dû accepter que le principe de sélection élaboré comporterait toujours, même à l'état résiduel, des éléments arbitraires et subjectifs. Il est donc indispensable de réaliser que les choix sont nécessaires mais discutables, l'important étant qu'ils soient solidement argumentés. Enfin, il faut savoir renoncer à la tentation de l'exception. Une fois un principe de sélection déterminé, il faut savoir s'y tenir quels que soient les appels à y déroger…

La question du nombre final d'articles étudiés est omniprésente chez le doctorant d'autant qu'elle fait l'objet de réponses souvent énigmatiques de la part du directeur de thèse, comme « ça dépend », voire « vous verrez »… Ces déclarations ne sont pas un moyen de se défausser mais bien le reflet d'une réalité : le nombre d'articles à réunir ne peut pas être fixé à l'avance et tout dépend principalement de la méthode d'analyse adoptée et de la problématique choisie. Toutes proportions gardées, la taille idéale d'un corpus n'existe pas. Elle évolue en fonction de la démarche de recherche de chacun. Il faut également garder à l'esprit qu'existe un seuil de saturation au-delà duquel étendre le corpus n'apporte rien à l'analyse mais risque au contraire de la rendre plus difficile à mettre en œuvre en noyant les points essentiels sous la masse.

2.2. Les méthodes adoptées

Dans le cadre du travail sur la médiatisation du terrorisme, le nombre d'articles concernés était plus que considérable[52]. Trois critères de sélection ont donc été construits : en référence à la problématique, à la méthode d'analyse et enfin, de manière marginale, à l'arbitraire. Face à l'étendue du corpus il est courant d'omettre un principe fondamental : la sélection ne doit s'opérer qu'en référence à ce que l'on cherche, donc à la problématique. Cette dernière concernant la « guerre contre le terrorisme » ; les attentats traités dans les articles étudiés ont donc été choisis pour leurs rapports temporels avec des points de repères clefs de cette « guerre » : déclenchement de la seconde guerre du Golfe, attentats internationaux revendiqués par Al-Quaeda...

L'autre critère de sélection principalement utilisé a été la méthode d'analyse mise en œuvre. Ce critère a été par exemple à l'origine de la décision de limiter l'analyse aux premières éditions des journaux retenus suivant un attentat. Ce choix repose sur un postulat méthodologique voulant que le « temps chaud » soit particulièrement propice à faire surgir ce qui demeure implicite la plupart du temps à savoir les normes symboliques mobilisées par les journalistes pour construire leurs discours. Nous pouvons, durant ces moments précis, distinguer les cadres de références socio-politiques mobilisés presque « par réflexe », lorsque le temps manque.

Pour traiter de la polémique qui accompagne l'émergence de la télé-réalité, Elodie Kredens a dû déterminer quels sont les titres qui fourniront les articles de son corpus. Elle a opté pour une approche classique à partir de journaux de la presse quotidienne nationale et de la presse magazine généraliste (*Le Monde*, *Libération*, *Le Figaro*, *Le Point*, *L'Express*, *Le Nouvel Observateur*).

Pour chacun des titres retenus, il faut établir les bornes temporelles qui délimiteront le corpus. Celles de *Loft Story* sont fixes puisque le jeu se déroule sur 10 semaines et que l'émission débute le 26 avril 2001 pour s'achever le 5 juillet. Faut-il pour autant faire coïncider cette période avec celle du corpus ? Porter une attention toute particulière sur la période de

---

52 A titre d'exemple l'Etat israélien recense en effet entre 40 et 100 attentats par an sur les années 2000 à 2004. Notons que la définition des attentats à la base de ce recensement est spécifique, on peut la qualifier de « large ».

diffusion de l'émission paraît inévitable mais s'y cantonner uniquement peut s'avérer réducteur. En effet, il serait naïf de penser que la polémique engendrée par *Loft Story* recouvre le même laps de temps que l'émission elle-même – il existe en fait un décalage. La controverse implique une mobilisation de détracteurs et un renchérissement des prises de position qui n'interviennent pas immédiatement et qui ne peuvent pas non plus cesser instantanément. En fait, le temps de la diffusion et le temps de la polémique ne se recouvrent pas. Considérant ces aspects, le travail de recherche et de sélection des articles dans la presse peut partir du 26 mars 2001, c'est à dire un mois avant le lancement de *Loft Story*, afin d'observer les éventuelles prémices de la polémique. On effectue la même démarche pour la fin de l'émission et on regarde les articles sur *Loft Story* un mois après sa fin officielle.

Concernant à présent le choix des articles, il est tout d'abord possible d'éliminer les dessins et les photos. C'est un choix pour limiter le corpus qui est déjà gigantesque mais on peut lui trouver des justifications si l'on se réfère à nouveau aux éléments de définition du concept de polémique. Nombreux sont ceux qui considèrent la polémique comme une joute verbale. La composante discursive étant fondamentale, nous optons pour une analyse du « verbe » et nous nous basons donc sur les articles.

Pour réduire le corpus qui regroupe tous les articles traitant de l'émission *Loft Story* et qui reste à ce stade encore gigantesque, on peut commencer par répertorier ceux qui utilisent *Loft Story* comme prétexte pour aborder d'autres sujets, ceux qui traitent du sujet principalement et ceux qui traitent de *Loft Story* secondairement ou qui y font simplement allusion. Il est alors judicieux de retenir ceux qui traitent principalement de *Loft Story*. Ensuite, il s'agit d'isoler la couverture polémique et d'en regrouper tous les articles. Cette étape permet d'avoir une première vue d'ensemble de la controverse notamment d'un point de vue chronologique. Il est alors possible de pratiquer ce que M. Gonzalès-Moralès appelle une « chronopolémologie »[53]. Cette méthode s'avère un outil de réduction du corpus incontournable. En fonction du nombre d'articles parus, elle nous renseigne sur l'étalement de la polémique en plusieurs périodes temporelles : son début, sa crue, son paroxysme, sa

[53] M. GONZALES-MORALES, « L'impossible enracinement (La querelle du peuplier – André Gide) », C. KERBRAT-ORECCHIONI, N. GELAS, M. LE GUERN (Dir.), *Le discours polémique*, Lyon, PUL, 1980, p. 64.

décrue et sa fin. Une fois les cinq périodes clé repérées pour la polémique *Loft,* on choisit alors d'analyser tous les articles polémiques pendant une semaine dans les journaux retenus.

Poursuivant la réduction du corpus, on peut classer ensuite les articles en deux catégories selon la posture discursive qu'adoptent les journaux vis-à-vis de la controverse de *Loft Story.* Ils peuvent s'en faire l'écho ou bien l'alimenter, c'est-à-dire qu'ils peuvent figurer des espaces polémiques tout autant qu'offrir un nouvel espace de polémique où viendront s'affronter des partisans et opposants de l'émission. On choisit alors uniquement les articles qui créent la polémique et non pas ceux qui la relaient. Nous voici alors au terme du processus d'amenuisement du corpus et à l'aune d'une autre étape, celle de son traitement.

Conclusion

Gérer et domestiquer un corpus géant s'avère être un travail de longue haleine. Le corpus ne peut en effet être finalisé qu'après plusieurs étapes de réduction, différentes, successives et incontournables. Cette étape de la recherche est d'autant plus délicate qu'elle implique des choix qu'il n'est pas toujours possible de fonder sur une bibliographie spécialisée. La recette unique et idéale de la « réduction du corpus » n'existe pas. Pour en produire une cohérente et argumentée il nous semble donc indispensable de s'appuyer sur les expériences passées et présentes de nos pairs. En effet, nos questionnements méthodologiques individuels correspondent souvent à des difficultés récurrentes auxquelles d'autres se sont heurtés. Leurs expériences ne peuvent certes pas produire de réponses toutes prêtes mais sont des pistes intéressantes à explorer.

Avantages et écueils d'une recherche à partir des archives de la télévision

Laurence Leveneur

Nombre d'études portant sur la télévision sont aujourd'hui largement tributaires des archives audiovisuelles mises à leur disposition par l'Inathèque de France, centre de consultation de l'Institut National de l'Audiovisuel (INA). Nous souhaitons aborder ici les obstacles épistémologiques et méthodologiques que soulève l'utilisation de ces archives et auxquels nous nous sommes confrontée à l'occasion d'une recherche portant sur l'histoire et l'analyse des jeux télévisés français[54].

Le jeu télévisé est un genre qui, en cinquante ans, a connu plus d'une transformation. Les stratifications successives qui le composent doivent donc êtres clarifiées et analysées, pour mesurer l'ampleur d'un phénomène qui étend aujourd'hui ses tentacules jusque dans les émissions dites de « télé-réalité ». Pour saisir la place que ce type de programme occupe sur les grilles des chaînes généralistes depuis 1950, il nous fallait au préalable en dresser une cartographie. Or, les critères retenus pour intégrer une émission dans la catégorie « jeu télévisé » sont relativement hétérogènes selon les sources. En effet, les classifications génériques répondent souvent à des stratégies de programmation, de production, ou bien à des taxinomies très souvent liées aux nomenclatures des professionnels.

Par conséquent, afin de constituer ce panorama général, nous nous sommes appuyée sur la définition ad hoc suivante : « Emission impliquant la participation active d'un ou plusieurs candidats, vedettes ou anonymes, dans des épreuves physiques et/ou intellectuelles et/ou artistiques, et dont le déroulement est soumis à des règles. Ces règles doivent être porteuses d'un intérêt pour le téléspectateur en lui permettant de participer par délégation, virtuellement ou à distance. L'émission doit se clore par la désignation d'un vainqueur, ayant accompli avec succès toutes les épreuves et/ou n'ayant pas été éliminé. Cette victoire déclarée se traduit par l'obtention d'un gain ou d'un bénéfice, matériel ou symbolique, direct ou indirect ». Afin de construire un corpus homogène, les retransmissions sportives qui, peu ou prou, répondent à cette définition, ont toutes été exclues de notre recherche.

---

[54] Ce travail inclut l'analyse et l'histoire de cinquante ans de jeu à la télévision française. Il débute avec la première occurrence recensée du genre, en 1950, et s'achève au premier trimestre 2004, afin d'intégrer plusieurs exemples d'émissions issues de la « télé-réalité ».

1. La constitution du panorama général des jeux télévisés

Notre cartographie initiale est le fruit du croisement de plusieurs sources. La première d'entre elles est l'*hyperbase*, interface de consultation que pratique la plupart des usagers de l'Inathèque. Ce logiciel permet d'interroger toutes les bases de données disponibles, qu'elles soient écrites ou audiovisuelles, par l'intermédiaire de différents champs documentaires, éléments à partir desquels les documentalistes de cet institut construisent les notices écrites qui décrivent les émissions de télévision. L'*hyperbase* comprend différents fonds documentaires : un fonds ancien, qui répertorie les archives audiovisuelles, et un fonds issu du Dépôt Légal, mis en place le 1er juin 1995.

Nous avons choisi de croiser deux champs documentaires principaux sur ces deux fonds, le champ « genre » et le champ des « mots-clés ». Le premier correspond aux typologies[55] employées par les documentalistes de l'INA pour classer les différents programmes répertoriés dans les bases audiovisuelles. Le second résume le contenu ou la forme du programme par une série de mots clés. Ainsi, en procédant à une recherche par genre « égal à » jeu(x) et mots-clés « égal à » jeu(x) et/ou jeu(x) télévisé(s), nous avons obtenu la liste de plusieurs milliers d'émissions. Chaque émission est accompagnée d'une notice descriptive répondant à plusieurs champs d'indexation (canal de diffusion, heure et date, titre de la collection, titre propre, genre, thématique, résumé, etc.). La lecture de ces notices – du moins lorsque celles-ci étaient renseignées, ce qui n'est pas systématiquement le cas sur la base des archives de l'INA – nous a permis de ne retenir que les programmes correspondant à notre définition initiale. Les notices de ces bases ne renseignent parfois que sur le titre, le canal de ou la date de diffusion des programme décrits, ou encore sur les noms de ses réalisateurs, producteurs, etc., sans autre information sur leur contenu ou leur genre, notamment lorsqu'ils sont très anciens et ne sont pas directement accessibles sous forme de vidéocassette ou de CDROM au centre de consultation.

Cette première recherche sur les bases de données de l'INA a été complétée grâce aux différentes « fiches collections » des archives ou du Dépôt Légal, qui sont des notices particulièrement détaillées, présentant de façon diachronique certaines collections phares. Dans la mesure où certaines des émissions répertoriées n'étaient pas décrites dans les notices,

55 Une typologie désigne un champ d'indexation : genre, contenu, thématique, résumé, etc.

nous avons complété ces informations par la lecture de journaux de programmes (principalement *Télérama* et *Télé 7 jours*), de dictionnaires sur la télévision[56], ainsi que par celle des rapports écrits après diffusion par les chefs d'antenne, notamment pour vérifier si ces émissions avaient bel et bien été diffusées. Enfin, le panorama établi par Noël Nel en 1991 nous a permis de vérifier et d'affiner ces résultats[57]. Le croisement des sources est d'autant plus indispensable que certaines fiches de l'INA reprennent les résumés fournis par les producteurs des émissions, ce qui nécessiterait, dans l'idéal, un visionnage systématique des émissions recensées, permettant de vérifier la forme, le contenu des jeux répertoriés. De toute évidence, un tel travail est trop conséquent dans le cadre d'un doctorat. De plus, si les bases de données de l'INA, et principalement les archives audiovisuelles, permettent de connaître l'existence d'émissions passées, l'ancienneté de certains supports rend leur consultation impossible, et à ce jour, sur l'ensemble des collections recensées, la part des programmes directement accessible est très faible jusqu'en 1986, date de la mise en place du Service d'Observation des programmes [1986-1994]. Notre panorama souffre donc de l'absence d'une grande partie de ces supports.

Enfin, si l'*hyperbase* répertorie une part importante des émissions télévisées françaises, elle n'offre pas une source exhaustive et laisse apparaître certains « vides », notamment avant la mise en place du Dépôt Légal. Ainsi, une collection aussi pérenne que *Motus* n'est pas référencée avant 1995, alors qu'elle a été diffusée en France dès 1990. Avant le Dépôt Légal, l'INA ne répertoriait que les productions originales françaises, et les jeux télévisés ne faisaient pas partie des émissions prioritairement archivées, comme par exemple les journaux d'information ou certains événements politiques médiatisés. La collection *Des Chiffres et des lettres,* dont la longévité en fait l'un des emblèmes du genre, n'apparaît dans la base des archives de l'Inathèque que lorsque des tournois ou des championnats ont été organisés. Les émissions quotidiennes d'avant 1986 ne sont donc pas directement accessibles. De plus, les émissions issues d'adaptations ou de coproductions étrangères comme *La Roue de la fortune*, diffusé en France depuis 1987, n'ont pas été systématiquement archivées avant 1995.

En somme, le croisement des données et les informations fournies par l'épitexte éditorial qui accompagne les émissions ne peuvent suffire à

---

[56] R. BAILLY, A. ROCHE, *La télévision*, Paris, Larousse, Collection Les dictionnaires de l'homme du XXe siècle, 1967, 256 p.

[57] N. NEL, *Les jeux télévisés*, *Dossiers de l'audiovisuel* n°38, juillet-août 1991, Paris, INA, 80 p.

rendre compte de l'ensemble des programmes de jeux créés et diffusés en France entre 1950 et 2004. Ce panorama ne peut donc prétendre à l'exhaustivité, d'autant moins que le hasard peut encore nous mettre sur la piste de programmes inconnus des archives de l'INA, des recherches précédentes ou des autres sources évoquées.

2. Les classifications pratiquées par l'INA

Au-delà de ces premières difficultés méthodologiques, les classifications génériques qui sont employées par l'Inathèque méritent d'être questionnées. L'observation de ces nomenclatures révèle tout d'abord l'instabilité des critères retenus par les documentalistes de cet institut pour construire les typologies des notices descriptives des émissions. Ils emploient par exemple, pour qualifier le genre des programmes, plusieurs termes à la fois. Ainsi, la collection *Popstars* est décrite dans le champ « genre » par les mots clés suivants : « feuilleton, documentaire, télé-réalité »[58] . Ces termes sont discutables, d'autant plus qu'ils valident le choix stratégique des producteurs de définir *Popstars* comme un documentaire, afin de l'inclure dans la définition que donnent le Centre National de la Cinématographique (CNC) ou le Conseil Supérieur de l'Audiovisuel (CSA) de l'œuvre audiovisuelle, et de bénéficier de la sorte des aides qui sont allouées à ce type de programme. Cette qualification a d'ailleurs suscité au CSA une concertation publique[59]. En outre, le genre de l'émission *Popstars* est variable selon les notices : il peut aussi être défini par les mots clés « télé-réalité, jeu » sur la base du dépôt légal[60].

En somme, l'INA a adopté une indexation qui propose des typologies *« descriptives et cumulatives »*[61]. Cette logique conduit les

---

[58] L'assimilation de ces termes contradictoires suscite d'ailleurs de multiples interrogations au sein même de l'Inathèque : le documentaire, même associé au feuilleton, ne crée pas la réalité. Il est au contraire censé la restituer, même si le montage en montre une forme un peu scénarisée, tandis que la télé-réalité, dans son principe, crée ses propres règles, met en scène des candidats dans un lieu clos afin d'en suivre la vie quotidienne. Si dans le *feuilleton documentaire* la caméra se veut transparente, elle ne l'est pas dans les émissions de télé-réalité, comme l'atteste d'ailleurs la jurisprudence requalifiant en contrats de travail les contrats de participation de certains ex-candidats de l'*Ile de la tentation.*

[59] CSA, *Bilan de la concertation publique sur la définition de l'oeuvre audiovisuelle*, septembre 2002, 67 p, disponible sur le site du CSA, <http://www.csa.fr>.

[60] Les notices des bases de l'INA sont en cours d'homogénéisation.

[61] *Cf.* P. CHARAUDEAU, « Problèmes de typologisation », *Comptes-rendus des Ateliers de recherche méthodologique de l'INA*, 25 avril 1997, p. 58.

documentalistes à multiplier les mots clés, afin de rendre compte au mieux de la complexité et de la variété des programmes répertoriés. Si l'hétérogénéité des termes employés par les documentalistes de l'Inathèque pour désigner une même collection se justifie par le caractère hybride d'une grande partie de ces programmes, elle suppose par conséquent de la part du chercheur une attention toute particulière face au choix des « mots clés » utilisés pour recenser les émissions de télévision qui vont constituer son corpus d'étude. Le champ « genre » des notices de l'Inathèque doit aussi être complété par d'autres champs d'indexation comme la « thématique », qui donne des précisions sur le contenu de l'émission ou sur sa forme. Dans la notice de l'émission *Popstars* par exemple, la thématique choisie par les documentalistes est « variétés », terme qui sert généralement à décrire le genre d'un programme.

Cette logique d'indexation, propre à l'INA, ne peut se substituer à celle qui mène l'activité de la recherche. Cette dernière doit donc faire preuve, face aux outils qui lui sont proposés par le centre de consultation de cette institution, d'une certaine méfiance dont témoigne l'historienne Michèle Lagny dans un article consacré aux problèmes que pose l'accès aux sources audiovisuelles[62]. Cela suppose concrètement, de la part du chercheur, de suspendre provisoirement, le temps de sa recherche sur les bases de données de l'INA, *« ses propres postulats théoriques »*[63]. Il faut en effet comprendre préalablement la logique d'indexation qui conditionne les typologies de l'Inathèque afin d'orienter l'étude le plus efficacement possible. Cela nécessite notamment d'avoir accès aux définitions utilisées par les documentalistes pour indexer les émissions, ce qui ne peut se faire que sur demande explicite ou par l'intermédiaire des archives écrites consacrées à cette question[64].

Conclusion

Nous avons répertorié près de 510 collections de jeux télévisés créés et diffusés entre 1950 et le premier trimestre 2004. L'on peut estimer, pour chaque décennie, un pourcentage d'erreur correspondant aux collections étiquetées ou présentées comme des jeux et pour lesquelles nous n'avons

---

[62] M. LAGNY, « L'accès aux sources télévisuelles », F. Jost, J. BOURDON (Dir.), *Penser la télévision*, *op. cit.*, pp. 89-95.

[63] *Idem*, p. 91.

[64] Certaines archives écrites conservées par l'INA font état des évolution des classifications génériques utilisées par cette institution.

pas pu obtenir suffisamment d'éléments descriptifs sur le contenu, ni même les visionner[65]. Ce panorama offre néanmoins un terrain d'observation privilégié à partir duquel nous avons pu élaborer notre corpus d'étude, dont seule l'analyse peut permettre d'entrer véritablement au cœur du genre, au-delà des simples étiquettes génériques, et ainsi de réduire les marges d'erreur précédemment évoquées.

Les logiques d'indexation pratiquées par les documentalistes de l'INA constituent un enjeu en soi pour quiconque s'intéresse à la transmission des connaissances, et notamment des connaissances liées à la télévision : *« [...] dans ce cas la fonction de médiation implique toujours une compréhension des règles de constitution de ladite connaissance, en relation avec l'explicitation de ce qui, dans la connaissance ou dans la façon de présenter la connaissance, est le plus propre à structurer la compétence, c'est-à-dire à la construire et à la faire évoluer : qu'est-ce qu'il faut apprendre – et comment – de la notion de "genre télévisuel", par exemple, à des documentalistes qui ont et auront à rédiger des notices d'indexation des émissions actuelles – et à venir – de radio ou de télévision ? Et en retour – c'est un retour qui est souvent oublié-, qu'est-ce qui, dans les problèmes d'indexation rencontrés, réinterroge les mises au point théoriques ? »*[66].

Le travail de l'analyste de la télévision ne s'arrête pas aux images et aux sons, il doit également convoquer une multitude de documents qui accompagnent les supports audiovisuels, et que Geneviève Jacquinot appelle, paraphrasant Christian Metz[67], *« les apprêts et les après de la télévision »*[68]. Or, l'usage de ces documents, qui conditionnent la constitution du corpus, suppose au préalable d'expliquer et de connaître les présupposés et les logiques qui président à leur élaboration.

65 L'on peut estimer ces marges d'erreur à 10% pour les collections répertoriées entre 1950 et 1959, 23% pour celles de la décennie 1960-1969, 15% pour les dix années suivantes, 23% pour les programmes diffusés entre 1980 et 1989, et enfin 3% pour les émissions créées diffusées entre 1990 et le premier trimestre 2004.

66 G. JACQUINOT, « Repenser l'enseignement de la télévision », F. JOST et J. BOURDON (Dir.), *Penser la télévision, Actes du colloque de Cerisy*, Paris, Nathan/INA, 1998, pp. 313-314.

67 *Cf.* C. METZ, « Images et pédagogie », *Essais sur la signification au cinéma*, Paris, Klincksieck, 2003, p. 149.

68 G. JACQUINOT, *op. cit.*, p. 321.

Interdisciplinarité, corpus de presse écrite et corpus internet

Isabelle Hare, Emilie Roche

Nos travaux portent respectivement sur l'étude des discours des journaux de presse écrite sur les violences et les tortures pendant la guerre d'Algérie (E. Roche) et sur une étude comparée des stratégies discursives des acteurs politiques dans la presse écrite et sur les sites internet des partis politiques engagés dans les conflits nord-irlandais et israélo-palestinien (I. Hare). Nos sujets de doctorat s'ancrent dans la discipline des Sciences de l'Information et de la Communication (SIC). Nous travaillons toutes deux sur la presse écrite et nos questionnements sur le rôle de la presse en démocratie, sur les représentations mises en discours lors d'un conflit ancrent nos travaux dans les SIC. Cependant la complexité de sujets tels que la guerre d'Algérie ou les conflits israélien et nord-irlandais nous ont conduites à ouvrir nos terrains de recherche vers d'autres disciplines qui croisent les SIC. Nos corpus par leur diversité, leur complexité et les enjeux historiques et symboliques qu'ils mêlent nécessitent l'interdisciplinarité. D'autre part la constitution et l'analyse de nos deux corpus ont nécessité un long travail de recherche et de réflexion. Les analyses de nos corpus respectifs procèdent de la théorie et de la méthode de l'analyse du discours. C'est pourquoi, dans cette communication, nous voudrions présenter ce que peut être une approche interdisciplinaire liée à des thématiques de recherche sur la guerre et la violence et nous souhaiterions lier cette démarche à la constitution et à l'exploitation de nos deux corpus.

1. Interdisciplinarité

Nos démarches dans ces travaux sont pluridisciplinaires. Les objectifs de nos recherches se déclinent autour de plusieurs pôles participant d'une méthodologie générale. Nous nous appuyons ainsi sur le croisement de différentes disciplines : les SIC, l'histoire ; mais également la philosophie politique et la géopolitique. C'est à travers ces différentes approches que nous sommes entrées dans nos corpus. Les SIC évidemment puisqu'il est question du discours des médias, les travaux historiques et géopolitiques indispensables pour comprendre le processus de la guerre d'Algérie et des conflit israélo-palestinien et nord-irlandais, la philosophie politique pour aborder la question de l'État, du pouvoir et de la société civile face à la guerre.

1.1. La guerre d'Algérie et l'interdisciplinarité

Notre objectif est de comprendre quelles représentations politiques, sociales et culturelles ont été mobilisées par les médias autour des actes de violence et de torture perpétrés pendant la guerre d'Algérie. Les 5 journaux retenus : *Le Monde, L'Humanité, Le Figaro, L'Express et France Observateur.* Un ancrage historique fort est indispensable car la guerre d'Algérie appartient à un passé révolu, c'est un événement historique. Les recherches historiques entreprises hier comme aujourd'hui sur la guerre d'Algérie nous paraissent essentielles pour comprendre comment s'est construite la mémoire de cette guerre et pourquoi elle continue à faire débat en France et en Algérie.

L'élément primordial qui conduit ce travail est l'omniprésence de la violence, à la fois physique, politique et symbolique ; aussi bien sur le terrain des affrontements que dans la bataille institutionnelle qui se joue dans les années cinquante ainsi que dans les réactions engendrées par la seule idée de l'accès à l'indépendance de l'Algérie. Entre 1954 et 1962, la France est en guerre sur une partie de son territoire, mais le discours officiel ne reconnaît pas cet état de fait. Dans cette perspective, les discours de plusieurs journaux de presse écrite pendant cette guerre d'Algérie constituent une bonne porte d'entrée pour comprendre ce qui s'est joué pendant cette période dans l'opinion publique. Pour les journaux s'est posée à l'époque la question du traitement d'une violence quotidienne sur le terrain des affrontements : comment dénoncer ou ne pas dénoncer la torture, comment traiter la question du fait colonial et quelle posture idéologique adopter face au colonialisme et aux revendications d'indépendance du FLN ? Comment représenter la réalité de la société en Algérie ? Comment enfin rendre compte du discours et de l'action de l'Etat, de l'armée durant ces « événements » ? Notre étude des discours de la presse écrite française témoigne de cette difficulté à nommer la guerre et à classer les événements qui s'y rapportent.

1.2 Les conflits israélo-palestinien et nord-irlandais et l'interdisciplinarité

Quelle « image » de ces conflits les médias renvoient-ils aujourd'hui à la société contemporaine ? En quoi l'usage banalisé d'internet par les différents protagonistes des conflits est-il susceptible de constituer un enjeu stratégique croissant ? Désormais, la potentialité du réseau internet et son accessibilité risquent de modifier l'utilisation des médias comme instruments de militantisme et de propagande. Sans parler d'arme redoutable, internet pourrait jouer un rôle de premier plan sur la scène des conflits armés et, sans proposer un discours révolutionnaire, transformer potentiellement notre accès aux conflits et donc à la représentation que nous en avons.

Les sujets et objets de nos thèses respectives impliquent des croisements épistémologiques. Outre une approche résolument axée sur les SIC et plus particulièrement sur la question du dispositif internet, la philosophie politique et la géopolitique, nous nous sommes entourées d'ouvrages « isolés », n'appartenant pas stricto sensu aux SIC, qui sont des points de repères forts dans l'élaboration de notre réflexion. L'étude psychanalytique de Daniel Sibony[69] sur le conflit proche-oriental nous a permis de porter un regard différent sur l'origine du conflit, donc sur ses représentations médiatiques et les implications symboliques inhérentes. Un ouvrage collectif sur la stratégie militaire et ses mutations suite à la généralisation de l'utilisation des NTIC, *a priori* assez éloigné de notre problématique, a servi notre étude en l'enrichissant.

2. Constitution des corpus

Le choix de nos corpus a été une étape difficile du travail de thèse. En effet, les deux objets pouvaient être traités à travers l'étude de différents discours médiatiques. Arrêter de façon définitive nos choix sur certains médias et sur une périodicité appropriée a fait l'objet d'une longue réflexion. Il nous a fallu cerner nos objets d'études, redéfinir nos sujets, explorer les discours médiatiques qui seraient les plus pertinents et enfin faire des choix nécessaires.

2.1. La guerre d'Algérie : Un corpus ancien et volumineux

Concernant la guerre d'Algérie, une étude exhaustive des discours des journaux de presse écrite était irréalisable dans le cadre d'un doctorat. Nous avons donc choisi de traiter d'abord des quotidiens nationaux car ils nous permettent de mener une analyse complète sur le déroulement de la guerre d'Algérie. Cette guerre ayant duré huit ans il nous a paru

[69] D. SIBONY, *Proche-Orient, Psychanalyse d'un conflit*, Paris, Seuil, 2003.

important de pouvoir saisir dans notre analyse, à la fois un temps court qui est celui de l'événement au jour le jour (matérialisé par les brèves, les dépêches d'agence ou les articles factuels), mais aussi un temps long, celui de l'enlisement de ce conflit, des changements politiques qu'il a entraînés, des luttes idéologiques qu'il a suscitées (cela se matérialise dans les quotidiens par des reportages, des éditoriaux, des tribunes...). Les quotidiens retenus pour ce travail sont donc *Le Monde*, *Le Figaro* et *L'Humanité*. À travers ces trois quotidiens, il s'agit évidemment d'un spectre représentatif d'une opinion française « éclairée » de ces années 50 et 60. Les deux hebdomadaires, *France Observateur* et *L'Express* ont été choisis par rapport à leur engagement contre la guerre d'Algérie et parce que leur temporalité est différente du journal quotidien, on trouve donc des articles plus longs qui tentent de revenir de façon plus distanciée sur les événements, c'est une autre mise en récit de l'événement. Il s'agit ici de deux hebdomadaires sélectionnés pour le rôle qu'ils ont joué dans le traitement et la dénonciation de la torture tout au long de la guerre.

Le choix de ces trois quotidiens et deux hebdomadaires permet donc de rendre sensible un spectre assez large des représentations françaises quant à cette guerre d'Algérie et les actes de violence dont elle est accompagnée. Précisons enfin que notre objectif se situe dans une perspective comparatiste des représentations construites par l'ensemble des journaux.

2.2. Israël-Palestine et Irlande du Nord : la position des regards sur les conflits

Notre approche comparative met en parallèle conflits nord-irlandais / israélo-palestinien par une symétrie de l'événement et médias nationaux / internationaux par une asymétrie de « l'œil médiatique ». Le choix de la presse écrite française, (*Libération* et *Le Monde)*, comme élément central de notre corpus se justifie pleinement, car la presse hexagonale se positionne à l'extérieur des deux conflits comme élément de base de la comparaison que nous réalisons entre le conflit nord-irlandais (*The Times* et le *Belfast Telegraph*) et israélo-palestinien (*The Jerusalem Post* et un journal libanais francophone, *L'Orient le jour*).

La comparaison des discours internet des partis politiques israéliens et britanniques est-elle utile à notre problématique ? Oui, mais c'est un choix difficile. Difficile, car cela implique de comparer frontalement des stratégies discursives formelles très différentes : la langue est l'aporie principale de cette comparaison. Le sens de lecture (de droite à gauche pour l'hébreu) diffère, ce qui induit une spatialité différente de la page dans les sites israéliens. Mais aussi, pour les sites qui sont disponibles en plusieurs langues, cela implique une rigidité formelle : le site Kadima par exemple est strictement identique visuellement en hébreu et en anglais. Enfin, la difficulté de la traduction pour les sites israéliens qui ne sont pas bilingues, ne nous offre pas un terrain d'analyse aisé. Il est donc évident que ces apories linguistiques ne nous permettent pas de produire un travail d'analyse d'une qualité égale entre les sites britanniques et les sites israéliens, et nous ne pouvons en l'état que le regretter.

Mais cet obstacle méthodologique est aussi une richesse en termes de représentations car si nous nous sommes heurtées à ces difficultés, d'autres également y sont confrontés. Et ces freins à la consultation sont une sorte de méta-discours dans la mesure où il est parfois aussi intéressant de produire une analyse des conditions de production du discours que sur le discours lui-même ; conditions qui sont elles-mêmes un discours sur le discours.

3. Méthodologie

3.1. Guerre d'Algérie

L'analyse de contenu des journaux permet ici, face à un corpus très volumineux, un premier cadrage des discours des journaux. Plus précisément, elle permet le recensement et l'analyse des titres, rubriques, types d'articles, auteurs des articles et des dates. Cette première étape de l'analyse est réalisée grâce à un logiciel d'enquête, ModaLisa, et elle met en exergue les thématiques abordées par chaque journal et leur périodicité. Cela permet donc d'obtenir une première vision d'ensemble du discours de chaque journal à la fois sur un temps court et un temps long et de croiser nos résultats.

Partant du postulat que les situations de guerre et les phénomènes de violence et de torture confrontent différentes figures dans les représentations médiatiques, ce sont l'analyse lexicale et l'analyse narrative qui nous ont semblées les plus opérantes. L'analyse lexicale porte sur les noms, les pronoms et les adjectifs employés. Elle consiste à repérer la qualification des acteurs des violences, relever tous les termes utilisés, comment ils le sont, à quelle lecture et à quels types de représentations ils renvoient. Cette méthode permet également de travailler sur le lexique des rubriques et des titres qui participent pleinement à la construction des stratégies discursives médiatiques. L'analyse terminologique permet un travail sur l'emploi lexical. L'analyse narrative permet d'identifier, dans un récit, l'armature relationnelle entre les différents actants qui composent ce récit. Elle est intéressante à mettre en œuvre car les articles de presse qui relatent des faits de violence s'attachent souvent à mettre en place un récit avec des actants qui sont dans une relation polémique.

3.2. Conflits israélo-palestinien et nord-irlandais

Pourquoi vouloir comparer deux objets qui ne sont pas vraiment comparables dans la mesure où la presse écrite et les sites internet ne produisent pas la même chose ? Le but de notre étude n'est pas de nous fonder sur une base comparative équivalente mais, au contraire, de nous intéresser à deux types de dispositifs très différents. Nous envisagerons comment, avec des outils aussi dissemblables, nous trouvons sur internet des discours redondants à la presse écrite, mais dont la puissance symbolique est démultipliée du fait du multimédia. Nous faisons allusion ici à l'ambivalence du discours internet, démultiplicateur d'émotions par l'usage du multimédia (vidéo, chants, photos, etc.) mais également restrictif en matière de réception du message (barrière de la langue, de symboles religieux ou guerriers que le lecteur lambda ne possède pas forcément). Le multimédia et l'hypertexte prennent le pas sur le commentaire de l'actualité. Sur les sites internet des partis politiques, l'autoréférence et la négation de l'Autre sont la conséquence d'une subjectivité exacerbée.

La méthode comparative est donc mauvaise si l'on considère que seuls des objets semblables peuvent être comparés, mais elle devient pertinente lorsque l'on part de cette faille méthodologique pour construire une comparaison fondée sur la différence et sur la complémentarité potentielle de cette différence, qui est ici de trois ordres : l'usage, le dispositif et la forme du discours produit. Partant de là, ne cherchant pas *a priori* de similitude formelle, nous sommes libérée de toute contingence matérielle induite.

Nous ne reviendrons pas ici sur les techniques d'analyse du discours déjà évoquées au sujet de la recherche sur la guerre d'Algérie. Nous souhaitons insister sur un aspect de notre méthode : l'anatomie du corpus Internet. Nous tentons ici une approche nouvelle afin de mieux comprendre la mise en scène électronique des sites. Nous proposerons une arborescence de chacun des sites consultés, une toile où l'architecture interne est une sorte de didascalie révélatrice des stratégies discursives des acteurs politiques des conflits. Nous espérons que ces outils nous permettront de dessiner des tendances en matière de représentation de la figure des leaders politiques et de l'altérité entre autres. Plusieurs objectifs :

- avoir une vue schématique et en profondeur de la toile du site,
- proposer un outil de comparaison permettant une visualisation des différentes stratégies en matière de dispositif technique (hyperlien, renvoi, aplets, etc.) et de discours (dénomination rubriques, répétition des occurrences, etc.),
- à partir de cette vue d'ensemble, on voit émerger des stratégies discursives (liens forts) et se dessiner les modalités d'entrées dans les sites et les stratégies des acteurs politiques.Les arborescences

des sites permettront de confirmer ou d'infirmer les stratégies discursives constatées dans l'analyse des discours des acteurs politiques, et d'observer les modalités de la rhétorique argumentative en ligne.

Conclusion

Nos sujets de recherche supposent donc de pratiquer une interdisciplinarité de circonstance. La sélection du corpus de thèse est une étape redoutable ; c'est un moment de choix, de renoncements, d'hésitations, d'impasses, de constructions et de déconstructions. Notre méthode d'analyse du corpus est contrainte et orientée par des logiques d'accessibilité aux archives, de freins linguistiques et d'impossibilités techniques.

Analyse de contenu et statistiques : une étude de la prise de parole des téléspectateurs au travers de leurs courriers

Aurélie Aubert

1. Corpus et objet de recherche

Centré sur la méthodologie des sciences de l'information et de la communication, cet article propose de partager celle adoptée pour notre thèse de doctorat qui combine l'analyse statistique et le recours à l'analyse de contenu. Le corpus sur lequel nous avons travaillé pour cette thèse était constitué de plusieurs milliers de lettres (courriels et courriers papier) envoyés au service du médiateur de la rédaction de France 2[70]. L'objet de cette recherche était d'appréhender et d'analyser cette parole de téléspectateurs apportant un témoignage inédit sur la perception des usagers à propos de l'information télévisée. Dans une perspective sociologique, nous avons cherché à montrer en quoi consistait cette prise de parole tant du point de vue du positionnement des individus par rapport à leurs médias que du point de vue de leur intervention au sein de l'espace public qui s'ouvre de plus en plus aux profanes.

Le service du médiateur de la rédaction, créé en 1998 dans l'audiovisuel public, répondait, à cette époque, à un manque de crédibilité du journalisme télévisé auprès du public. Le développement de l'Internet domestique et l'évolution de l'interactivité entre médias et publics ont conduit à une augmentation considérable du volume de courrier reçu au sein de ce service, transformant l'objet de la mission du médiateur[71]. Ces messages sont, comme on peut s'y attendre, des critiques d'ordre général sur les médias, des lectures attentives sur les reportages, des demandes d'explicitations ou de précisions, mais aussi et surtout, des prises de position d'ordre politique, social ou économique ainsi que des

70 A. AUBERT, « Quand le téléspectateur réagit à l'actualité internationale, de la prise de parole critique à la revendication citoyenne. Etude et analyse des messages reçus par le médiateur de la rédaction de France 2 », Thèse de doctorat, Université Paris 3, 2006. Nous tenons à remercier Jean-Claude Allanic, médiateur de 2000 à 2005, ainsi que toute son équipe qui nous ont accueillie au sein du service et permis de mener à bien cette recherche.

71 Selon les rapports annuels du médiateur, le service aurait reçu en 1999 environ 3 000 *e-mails*, 20 000 en 2001, 36 300 en 2002 et autour de 35 000 en 2003 et 2004. Le nombre du courrier papier reste stable : il s'établit autour de 4 500 lettres par an.

commentaires de l'actualité, selon des critères spécifiques et variés propres à chaque individu.

En prenant connaissance des ressources contenues dans l'intégralité des archives du médiateur de la rédaction de France 2, nous avons saisi l'intérêt qu'il pouvait y avoir à explorer ce corpus, en pensant, dans un premier temps, qu'il pouvait s'agir d'une manière de comprendre la réception de l'actualité par un certain type de public, c'est-à-dire celui qui réagit en envoyant un courrier au médiateur de l'information d'une chaîne publique. Cependant, une analyse plus pointue de ces courriers permet de comprendre qu'ils correspondent, en fait, à des interrogations de la sphère publique sur ses médias, dans une perspective qui mêle la critique, l'engagement citoyen et une forme de quête identitaire. En effet, si cette parole de téléspectateurs n'est pas nécessairement représentative de l'ensemble du public de la télévision généraliste, on peut néanmoins considérer que son étude offre des pistes de recherche pour approfondir non seulement les rapports du public avec les médias, mais aussi la tendance actuelle consistant à mettre à distance le travail des journalistes pour proposer ses propres interprétations sur l'information. Il semble que ce phénomène soit aujourd'hui en expansion et traduise le positionnement nouveau des individus par rapport au processus de sélection et d'élaboration des nouvelles.

L'approche de ces courriers s'est faite de manière empirico-déductive, puisque l'élaboration des problématiques s'est effectuée en découvrant les ressources contenues dans ce corpus qui a nécessité des évaluations aussi bien quantitatives que qualitatives. Selon la question posée, nous avons présenté l'objet d'étude tant sous l'angle statistique (pour en appréhender la globalité, les variations entre, par exemple, les courriels et les lettres, les prises de parole des hommes et des femmes...), que sous l'angle du discours, c'est-à-dire des arguments développés par les téléspectateurs sur des questions précises (terrorisme, rapport à la mondialisation, aux Etats-Unis).

2. Le recours aux statistiques

Il apparaît à la lecture de chaque lettre et de chaque courriel que tous portent trace d'un certain nombre de données objectivement observables qu'il nous a semblé pertinent de présenter et d'analyser sous forme statistique, dans une démarche proche de celle adoptée par Luc Boltanski sur des lettres envoyées au journal *Le Monde*. L'analyse qu'il convoque dans le chapitre de son ouvrage *L'Amour et la justice comme compétences* intitulé « La dénonciation », sans être comparable à la nôtre, possède cependant quelques traits communs : elle se base en effet sur un ensemble de lettres (275) envoyées au quotidien *Le Monde* au service des informations générales, visant à être publiées dans des pages qui accordent une place à des événements arrivés à des gens et dans des circonstances ordinaires, tout en faisant valoir leur valeur exemplaire et leur portée générale[72]. Dans la préface de l'ouvrage, l'auteur explique sa méthodologie visant à traiter la disparité des lettres au moyen de l'outil statistique. Il a donc soumis toutes ces lettres aux mêmes interrogations. Il a ainsi codé la description des affaires relatées dans les lettres, la description du contenu des lettres, leurs propriétés stylistiques ainsi que les propriétés sociales de l'auteur. Ce travail a permis à Luc Boltanski de conduire une analyse sociologique quantitative du discours et d'interroger les frontières et les liens entre l'action collective et l'action individuelle.

Cette approche – que nous ne reprenons pas dans son intégralité – a été une source d'inspiration pour comprendre les motivations des téléspectateurs à écrire et les registres de la protestation dans lesquels ils s'inscrivent. Les messages étudiés dans le cadre de cette recherche participent, en effet, des dispositifs traditionnels de la critique publique qui se sont multipliés avec les vecteurs permettant d'exprimer son opinion dans les médias. Les formes argumentées d'intervention dans l'espace public permettent à ces critiques de s'organiser autour d'une « grammaire » de la plainte ou de l'indignation, pour reprendre l'expression forgée par Luc Boltanski. Ainsi, on choisit de s'exprimer en public en donnant à son propos un relief particulier, en organisant ses doléances de manière à leur donner un tour personnel ou général. De manière sous-jacente, on peut percevoir chez les correspondants étudiés ici une volonté d'ériger sa plainte ou son mécontentement selon un dispositif relevant de l'universalité.

Notre recherche nous a donné accès à plus de 3 500 messages dont nous avons conservé une copie pour une part significative. Ceci a ainsi permis d'élaborer une enquête statistique sur 2 234 messages représentatifs de presque tous les événements analysés[73]. Ainsi, chaque

---

[72] L. BOLTANSKI, *L'Amour et la justice comme compétences, trois essais de sociologie de l'action*, Paris, Métailié, 1990, 381 p.

[73] On se réfèrera au protocole d'enquête qui figure au tableau n°1.

message envoyé au médiateur peut être considéré comme un « questionnaire », dont il a été relevé les caractéristiques suivantes : le sexe du correspondant ; la nature du courrier envoyé ; la présentation de soi (signature, absence de signature, pseudonyme) ; les éléments significatifs sur les appartenances dont se réclame le correspondant (communauté, religion, parti, association…) ; la présence ou non de l'âge et de la profession ; la manière de s'adresser au médiateur ; le ton employé ; l'objet du courrier (critique sur le fond, la forme, commentaire de l'actualité….) ; les acteurs désignés (journalistes, médias, figures de l'actualité, service public….) et enfin les références utilisées pour appuyer son propos. Utilisées dans des tris à plat ou des tris croisés réalisés grâce au logiciel d'analyse de questionnaires Modalisa, toutes ces caractéristiques permettent de mieux comprendre qui écrit au médiateur, sous quelle identité, dans quel but, ou en utilisant quelles références : nous avons ainsi pu dégager quelques profils de téléspectateurs pour affiner notre compréhension de ce phénomène.

Les données ayant fait l'objet de cette enquête sont évidemment construites, même si nous avons tenté d'éliminer un maximum de biais en analysant des courriers représentatifs de l'ensemble des réactions à l'actualité internationale de 2001 et 2002. La caractéristique principale de cette population est qu'elle ne représente pas des individus en tant que tels qui auraient répondu à une enquête mais des lettres dont on a cherché à quantifier certaines données objectivement observables. L'outil statistique a permis d'analyser un très grand nombre de données et d'identifier des variations entre des groupes différents (les hommes et les femmes, le courrier électronique et le courrier traditionnel…) ainsi que de saisir des liens pouvant unir ces variations.

Tableau n°1 : Questions ayant fait l'objet de l'enquête statistique :

Questions	**Modalités de réponse**
Sexe *1 seule réponse possible*	Homme Femme Famille Couple Groupe Indéterminé
Nature du courrier *1 seule réponse possible*	Courriel Lettre manuscrite Lettre dactylographiée
Présentation de soi	Nom et prénom

1 seule réponse possible	Prénom Initiales Pseudonyme Mouvement collectif Aucune signature *(La modalité « aucune signature » ne signifie pas nécessairement que le message est anonyme puisqu'un nom peut figurer dans l'adresse e-mail du correspondant, alors que le message n'est pas signé).*
Appartenance *Plusieurs réponses possibles*	Pays Département ou région Ville Famille Communauté Association Parti Religion Citoyen société civile Aucune appartenance mentionnée
Mention de l'âge	Indique son âge N'indique pas son âge
Mention de la profession	Indique sa profession N'indique pas sa profession
Adresse au médiateur *Possibilité de combiner adresse cordiale, remerciements, formule de politesse ou insulte.* La réponse « aucune adresse » signifie qu'il n'y a pas non plus de formule de politesse.	Aucune adresse Adresse cordiale Insulte Remerciements Formule de politesse
Propriétés stylistiques et rhétoriques (Ton) *Plusieurs réponses possibles.*	Reproche Constat Question rhétorique Affirmation sans démonstration Colère Conseil Incompréhension Étonnement Jugement Concession Démonstration Indignation Félicitations Ton neutre *(utilisé pour poser une simple question ou le relais d'un communiqué)*
Objet	Critique sur la forme

Plusieurs réponses possibles	Critique sur le fond Critique sur le fond et la forme Commentaire Prise de position idéologique Réaction à chaud Expertise Demandes d'informations Autres
Caractérisation des acteurs *Plusieurs réponses possibles*	Médias en général Journaliste ou présentateur Intervenant Gouvernement / État Figures de l'actualité Communauté internationale Institution religieuse Service public Aucun « acteur » mentionné
Références *Plusieurs réponses possibles*	Livre Article Site web Citation Événement historique Pétition / Manifestation Film Expérience personnelle Autre chaîne de télévision Opinion publique Aucune référence

3. Analyse de contenu et statistiques lexicales

Dans un deuxième temps, et après avoir pris connaissance de l'ensemble du corpus, notre démarche a consisté à tenter de l'analyser dans le détail de l'argumentation, et donc du texte lui-même. En procédant de manière empirique, nous avons isolé certains aspects du corpus correspondant à des événements particuliers qui ont servi comme autant d'études de cas pour illustrer un point précis. Il a ensuite été procédé à des analyses de contenu simples sur les écrits des téléspectateurs en dissociant des séquences textuelles qui correspondent à une idée ou un argument bien précis chez celui qui écrit.

Dans cette recherche, nous avons appliqué ce que Roger Muchielli nomme des *« méthodes logico-sémantiques »*[74], c'est-à-dire qui ne concernent pas la recherche de la structure formelle d'un texte, le procédé de sa construction ou son style. Cette méthode s'en tient au contenu manifeste et elle procède *« par inventaire, dénombrement, caractérisation-codification, recherche éventuelle des relations et corrélations, mais toujours et en même temps à partir de la compréhension du sens, de la perception des analogies et des hiérarchies de sens »*[75]. En attribuant à chaque séquence textuelle une catégorie de classement élaborée par nos soins, nous avons ainsi pu rendre compte de la teneur argumentative d'une partie du corpus et classer les arguments employés. Ces données ont également été classées grâce au logiciel Modalisa. Dans ces analyses, les unités d'enregistrement sont des phrases ou des morceaux de phrases correspondant à des arguments ou à des idées développés par les téléspectateurs dans leurs courriers. Le noyau de sens recherché dans chaque unité d'enregistrement a été déterminé de manière empirique selon chaque analyse et selon les questions auxquelles l'étude de cas entendait répondre. L'unité de numération a été le nombre d'occurrences relevées, présentées sous forme de chiffres bruts et de pourcentages calculés soit par rapport au nombre de lettres, soit par rapport au nombre d'arguments relevés, selon les tableaux.

Par ailleurs, lorsque cela a semblé utile, le recours à la statistique lexicale ou textuelle s'est imposé afin de se pencher plus précisément sur le vocabulaire. Sur ce point, nous avons été parfois amenée à appliquer des méthodes statistiques qui se rapprochent de l'analyse de contenu parce qu'elles fonctionnent sur des unités de signification simples, comme le mot. Le relevé des unités de vocabulaire s'est fait au travers de la fréquence d'apparition. Pour ce type d'analyse, nous avons eu recours à un outil de statistiques textuelles : Lexico 3, logiciel mis au point par André Salem, professeur de linguistique à Paris III.

Enfin, l'analyse linguistique a le plus souvent été laissée de côté dans cette recherche, à quelques exceptions près. En effet, celle-ci s'est révélée pertinente pour qualifier les discours des téléspectateurs et le ton employé pour critiquer les médias. La parole critique et polémique à laquelle nous avons eu affaire ici dans une grande majorité est, en effet,

---

[74] Cf. R. MUCCHIELLI, *L'Analyse de contenu des communications et des documents,* Issy les Moulineaux, ESF éditeur, 2006, 224 p. Voir en particulier le chapitre 3 « Les méthodes logico-sémantiques et leurs applications », pp. 51-86.
[75] *Ibid.*, pp. 51-52.

un type de parole très particulier qui s'appuie sur des procédés facilement identifiables (comme l'attaque, la manipulation ou la disqualification de l'adversaire). Pour ces quelques analyses linguistiques très circonscrites et qui ne font pas partie des analyses de contenu, nous nous sommes appuyée sur des typologies proposées par Uli Windisch dans son ouvrage *Le KO Verbal, la communication conflictuelle*[76], offrant une connaissance approfondie des mécanismes de communication fondés sur la polémique. Son étude est élaborée à partir de courriers de lecteurs parus dans des journaux suisses.

Conclusion

Pour résumer notre démarche, nous avons donc allié plusieurs approches, selon ce que nous cherchions à démontrer. Nous avons d'une part effectué une analyse de données sur un échantillon de 2234 messages représentatifs des réactions à l'actualité internationale de 2001 et 2002 pour rendre compte des caractéristiques de l'ensemble du corpus. D'autre part, une classification des arguments clés a été combinée aux apports ponctuels de la linguistique et de la lexicographie pour donner des exemples et illustrer des études de cas. Ces différentes approches ont permis de préciser certains aspects du corpus et d'obtenir une vision globale des caractéristiques des courriers analysés et donc des démarches des correspondants.

[76] U. WINDISCH, *Le KO Verbal. La communication conflictuelle*, L'Âge d'homme, 1987, 152 p.

Le corpus de presse écrite au prisme d'un travail de doctorat

Julien Auboussier

Les discours médiatiques sont un objet d'analyse privilégié chez beaucoup de jeunes chercheurs en Sciences de l'Information et de la Communication. Si, le plus souvent, les analyses portent sur des discours de presse écrite, c'est qu'au regard de la télévision ou de la radio, elle permet un recueil, une exploitation et une conservation relativement aisés du corpus. Reste que, quelle que soit la méthodologie qu'il adopte, quelles que soient les visées de son analyse, le jeune chercheur ne peut mener à terme son travail de doctorat sans se confronter aux difficultés soulevées par la constitution de son corpus et aux limites de son exploitation. Il ne s'agit pas ici de proposer un renouvellement de la réflexion sur le concept de corpus en analyse de discours. L'objectif est plus modeste : confronter le concept de corpus aux difficultés rencontrées au cours d'un travail de doctorat portant sur les mots de l'altermondialisation et leur circulation dans les discours de presse écrite.

1. La prise en compte de la nature interdiscursive des discours médiatiques

S'interroger sur les corpus de presse écrite, c'est interroger la nature même des discours médiatiques, leurs spécificités sémiotiques et discursives. D'une part, le discours de presse se caractérise par son hétérogénéité sémiotique : l'information s'inscrit dans un dispositif sémio-discursif. Elle n'existe que mise en page, mise en rubrique ; elle n'existe que dans la relation qu'elle entretient à l'image qui l'accompagne et dans son rapport de concurrence avec les autres informations du journal. D'autre part, cette hétérogénéité sémiotique s'accompagne d'une hétérogénéité discursive dont les conséquences sur la constitution des corpus ne peuvent pas être négligées. Elle se joue au moins à deux niveaux :

- à un niveau interne à travers la tension entre le « nom-du-journal », comme archi-signature, et les multiples autres signatures[77] ;

[77] M. MOUILLAUD, J.-F. TETU, *Le journal quotidien*, Lyon, Presses universitaires de Lyon, 1989, 201 p.

- à un niveau externe à travers la tension entre le discours du journal, assumé par le « nom-du-journal » ou par le journaliste, et les autres discours sociaux.

C'est sur ce deuxième niveau que doit être attirée l'attention du chercheur quand il s'interroge sur son corpus. Le discours du « nom-du-journal » est comme la partie émergée d'un iceberg : sous le discours assumé du nom du journal circulent et s'agitent une multitude d'autres discours. Ces discours sont parfois aisément repérables par des renvois intertextuels visibles (pensons aux différentes formes du discours rapporté). Néanmoins, le plus souvent, l'hétérogénéité constitutive du discours de presse est masquée par la capacité de ce dernier à assimiler les discours antérieurs c'est-à-dire à en effacer les traces énonciatives les plus visibles de l'interdiscours (considéré comme l'ensemble des unités discursives avec lesquelles un discours entre en relation implicite ou explicite).

Cette priorité accordée à l'interdiscours se retrouve notamment chez deux auteurs : implicitement chez Alice Krieg-Planque et, très directement, chez Sophie Moirand qui en fait le fondement même de son analyse des discours de presse. Originellement intitulée « la représentation médiatique de l'altermondialisation dans la presse », notre perspective de travail a largement été « troublée » et modifiée par la lecture de ces auteurs.

2. Les mots comme lieu d'affrontement chez Alice Krieg-Planque

Dans sa thèse de doctorat, Alice Krieg-Planque s'attache à suivre la circulation de la *formule* « purification ethnique » dans l'espace des discours de presse écrite en France de 1980 à 1994. Ce travail s'applique donc aux discours portant sur les guerres qui aboutissent à l'éclatement de la « Grande Yougoslavie ». Telle qu'elle est définie et exploitée par l'auteur, la notion de formule semble situer implicitement l'interdiscours au centre de l'analyse : *« A un moment du débat public, une séquence verbale, formellement repérable et relativement stable du point de vue de la description linguistique qu'on peut en faire, se met à fonctionner dans les discours produits dans l'espace public comme une séquence conjointement partagée et problématique. Portée par des usages qui l'investissent d'enjeux socio-politiques parfois contradictoires, cette séquence connaît alors un régime discursif qui fait d'elle une formule : un objet descriptible dans les catégories de la langue, et dont les pratiques langagières et l'état des rapports d'opinion et de pouvoir à un moment donné au sein de l'espace public déterminent le destin – à la fois envahissant et sans cesse questionné – à l'intérieur des discours »*[78].

Des travaux d'Alice Krieg-Planque, nous retenons que les mots, et plus encore les formules, ne sont pas seulement les traces de tel ou tel positionnement idéologique. Ils sont des lieux de rencontre des divers discours sociaux en circulation dans la société et, en ce sens, ils sont des lieux d'affrontement et d'enjeux non seulement discursifs mais aussi socio-politiques. Nous retenons également sa position – discutée lors des journées d'études Parcoursic 2007 – quant aux nombreux travaux en Sciences de l'Information et de la Communication qui se posent en terme de « la représentation de... » ou « l'image de... ». En effet, prétendre analyser la représentation médiatique de tel ou tel événement ou phénomène, c'est postuler l'existence d'une réalité que le discours médiatique viendrait déformer. Cela conduit à une analyse en termes de biais : il existerait alors d'un côté une « réalité vraie », de l'autre une représentation biaisée, faussée. De plus, prétendre analyser la représentation médiatique de tel ou tel événement encourage à penser le discours médiatique comme un discours autonome. Or, la médiatisation d'un événement n'est pas un résultat mais un processus complexe résultant de l'interaction entre divers acteurs sociaux. Les discours médiatiques ne sont que *« la sédimentation jamais achevée »* d'interactions ininterrompues entre des acteurs qui mettent en œuvre des stratégies[79].

3. La circulation des mots et des discours chez Sophie Moirand

Adopter l'idée que la médiatisation n'est pas une image figée mais un processus de reprise et de reformulation de discours antérieurs, c'est mettre l'interdiscours au centre de l'analyse. C'est tenter de prendre en compte les unités discursives avec lesquelles un discours entre en relation implicite ou explicite. Ainsi, Sophie Moirand s'attache à illustrer la pertinence du cadre théorique ouvert par le dialogisme dans l'analyse des

---

78 A. KRIEG, *Emergence et emplois de la formule « purification ethnique » dans la presse française (1980-1994). Une analyse de discours*, Thèse de doctorat en sciences du langage soutenue le 9 septembre 2000 à l'Université de Paris 13-Paris-Nord, 3 vol., 840 p.

79 J.-M. UTARD, « Du contenu aux interactions discursives. Les enjeux de l'analyse du discours des médias », D. GEORGAKIS, J.-M. UTARD (Dir.), *Science des médias, jalons pour une histoire politique*, Paris, L'Harmattan, 2001, pp.159-178 ; B. DELFORCE, J. NOYER, « Pour une approche interdisciplinaire des phénomènes de médiatisation : constructivisme et discursivité sociale », *La médiatisation des problèmes publics, Etudes de communication* n°22, 1999, pp. 13-39.

discours de presse. La notion de dialogisme est issue des travaux du théoricien de la littérature Mikhaïl Bakhtine. Dans l'étude des oeuvres littéraires, le dialogisme a ouvert l'analyse du texte à son extériorité en dépassant la seule étude des structures internes. Il est la prise en compte de la présence de l'autre dans le discours : *« Le mot n'est pas une chose et ne renvoie jamais à une seule voix. La vie du mot c'est de passer de bouche en bouche, d'un contexte à un autre, d'un groupe social à un autre, d'une génération à une autre. Chaque membre du groupe reçoit le mot par la voix d'un autre et rempli par la voix de l'autre ; les mots sont habités par le sens donnée par d'autres »*[80].

La portée d'une telle proposition est grande. D'une part, cela signifie que l'énoncé n'est plus pris dans le seul cadre de la situation de communication mais qu'il est pris dans le cadre de son histoire interdiscursive et des enjeux socio-politiques qu'il soulève : *« Chaque mot se présente comme une arène en réduction où s'entrecroisent et luttent les accents sociaux à orientation contradictoire. Le mot s'avère, dans la bouche de l'individu, le produit de l'interaction vivante des forces sociales »*[81]. D'autre part, le sujet énonciateur (le journaliste, par exemple) n'est plus la seule source du sens puisque celui-ci se construit à travers le travail de la mémoire des dires. La mémoire désigne les relations qui lient un discours aux discours du même genre déjà tenus, aux discours antagonistes, aux discours voisins (la mobilisation de la mémoire des dires peut aussi bien être souhaitée par l'énonciateur qu'involontaire). Adopter le cadre dialogique, c'est donc aussi adopter une conception de l'énonciation qui dépasse le « ici et maintenant » ; c'est vouloir retisser les liens qui associent un discours à d'autres discours.

A partir de ce cadre théorique, ici à peine esquissé, Sophie Moirand propose des outils ou, du moins, une manière de faire afin de prendre en compte non seulement les différentes formes du discours rapporté mais aussi ce que Bakhtine nomme les harmoniques dialogiques (c'est-à-dire la dimension de sens qui se construit dans le rapport de l'énoncé à l'interdiscours).

---

[80] M. BAKHTINE, *Problèmes de la poétique de Dostoïevski*, Lausanne, L'âge d'homme, 1970, p. 317.

[81] M. BAKHTINE, *La marxisme et la philosophie du langage. Essai d'application de la méthode sociologique en linguistique*, Paris, Minuit, 1977, p. 232.

4. La constitution et l'exploitation d'un corpus de presse au prisme d'un travail de doctorat

Le jeune chercheur apprend, plus ou moins rapidement, que la perspective de travail adoptée en début de thèse n'est pas définitive et qu'elle peut largement évoluer. Et, conséquence logique, il comprend également que le corpus envisagé perd de sa pertinence au regard de l'évolution théorique et méthodologique envisagée.

Ainsi, dans une première perspective de travail, il s'agit d'analyser « la représentation de l'altermondialisation dans la presse ». L'objectif est d'étudier les discours de presse accompagnant les rassemblements altermondialistes. Cette perspective encourage alors à construire un corpus clos autour d'une quinzaine de dates. Afin de ne pas limiter artificiellement la durée de vie médiatique de ces événements, une précaution est prise : ne pas prendre en compte uniquement les jours de rassemblements mais aussi les trois ou quatre jours qui précédent et qui suivent. Précaution bien inutile tant ce choix de corpus *a priori* conduit à une impasse.

En effet, la première limite de ce corpus est de mener obligatoirement à la conclusion que le traitement médiatique du phénomène altermondialiste tient d'une dynamique événementielle. L'affirmation est sans doute vraie. Reste que ce corpus ne peut pas de toute façon mener à une autre conclusion. Ici, la méthode de constitution du corpus contribue largement aux conclusions de l'analyse. Un cas d'artefact donc. Une seconde limite du corpus clos apparaît au moment où la presse se met à délaisser les performances altermondialistes. En effet, le large écho médiatique dont profite le mouvement à ces débuts laisse place à une certaine lassitude. La remise en cause par une partie de la presse de la légitimité du mouvement suite aux violences des militants à Gênes en 2001 et suite – l'effet est indirect – aux attentats du 11 septembre participe également à cette baisse de visibilité. Ainsi, les pics de visibilité médiatiques liés aux rassemblements disparaissent et avec eux la possibilité de poursuivre la composition du corpus autour des dates clefs du phénomène altermondialisation.

L'hypothèse qui soutient la nouvelle perspective de travail peut être ainsi avancée : au-delà de la médiatisation des rassemblements, les discours médiatiques portent et porteront encore dans un futur plus ou moins lointain la trace des discours issus des différentes communautés, parfois antagonistes, qui composent l'altermondialisation. L'objectif n'est donc plus d'étudier « la représentation médiatique du mouvement » autour de dates clef de la chronologie du phénomène. Il consiste dorénavant à analyser, d'une part, les conditions discursives d'apparition du mouvement dans l'espace des discours médiatiques, et d'autre part, les traces des thématiques et terminologies altermondialistes que portent les discours médiatiques. Le mouvement altermondialisation est porteur d'une multitude de discours qui « rencontrent » dans l'espace du journal le discours médiatique et l'ensemble des autres discours sociaux que les médias s'attachent à articuler. C'est cette rencontre qu'il semble pertinent d'étudier : comment s'inscrivent au cœur du discours médiatique les discours du phénomène altermondialisation ?

L'hypothèse de travail et les questions qu'elle suscite encouragent à envisager un corpus ouvert et laissant une large place au *« rôle d'interprétant raisonnable »* du chercheur[82]. Adoptant l'idée que les discours ne peuvent être clos sur eux-mêmes – les discours médiatiques plus que tout autres – il semble difficile de constituer *a priori* un corpus clos. En refusant d'adopter un corpus clos et constitué *a priori*, il ne s'agit pas de revendiquer un devoir d'exhaustivité ; il s'agit simplement d'affirmer la possibilité de concevoir son corpus au jour le jour. En imposant le dialogisme et l'interdiscours au centre de l'analyse du discours de presse, le chercheur se laisse la liberté de suivre « à la trace » les mots et les discours dont ils sont issus. Dans le cadre de cette nouvelle perspective de travail, l'analyse s'attache donc à :

- la dynamique d'apparition des formules « antimondialisation » et « altermondialisation » (auxquelles s'ajoutent les nombreuses autres formulations). A partir de calculs de fréquence très simples, il est aisé de montrer que, durant trois ou quatre ans, la visibilité du phénomène altermondialisation dépend des pics d'attention médiatiques liés à l'organisation des grands rassemblements (voir *supra*). Puis ces pics disparaissent au profit d'un usage plus régulier.
- la dynamique de circulation de la formule (et des mots qu'elle cristallise) au sein du dispositif du journal. Dans un premier temps, elle apparaît dans les rubriques dites périphériques à travers des genres à énonciation subjectivisée. La formule est ensuite assimilée

82 A. KRIEG-PLANQUE, « "Formules" et "lieux discursifs" : propositions pour l'analyse du discours politique (entretien avec Philippe Schepens) », *Semen. Revue de sémio-linguistique des textes et discours*, n°21, 2006, pp. 19-47.

par les rubriques *politique* et *social* pour, dans un troisième temps, parvenir à des rubriques comme *sport* ou *culture*.

- l'accompagnement méta-linguistique des mots, c'est-à-dire la façon dont le discours des médias rend compte, d'une part, de la difficulté des journalistes à nommer le phénomène et, d'autre part, de la manière dont les discours médiatiques portent les traces des interrogations issues du mouvement même. Il s'agit d'étudier les expressions et notamment les incises qui illustrent la non-transparence des mots (*« les militants altermondialistes* comme ils se nomment *»* ou *« anti ou altermondialiste,* le savent-ils eux-mêmes ? *»*).
- la progéniture discursive des formules « antimondialisation » et « altermondialisation ». En effet, de nouvelles notions (alter-économie, alter-démocratie, etc…) apparaissent au sein de l'ensemble des rubriques du journal, parfois dans des articles qui ne sont pas liés directement au traitement du phénomène. Le plus souvent éphémères et instables, elles ne peuvent accéder au statut de formule.
- enfin, en se permettant d'inclure des discours non-médiatiques (issu d'un corpus secondaire à valeur indicative), il semble possible de retisser des liens avec des discours antérieurs que le thème de la nouveauté du mouvement, cher aux médias, tend à faire disparaître.

Conclusion

Pour le doctorant, constituer son corpus, c'est choisir la matière sur laquelle il s'apprête à travailler plusieurs années. La tentation est donc grande de le définir *a priori*, une fois pour toute. Ce n'est pourtant qu'après une réflexion quant à la méthodologie et les outils mobilisés que le chercheur peut choisir le type de corpus à constituer. Il n'y a donc pas de bon corpus *a priori* mais des corpus adaptés aux hypothèses et perspectives de travail privilégiées.

Chapitre 4

Appréhender son terrain

La question du terrain et des méthodes utilisées pour l'appréhender fait écho à celle du corpus tout en la complétant. La confrontation avec un ou des terrains de recherche est souvent un moment capital pour le jeune chercheur et occasionne de nombreux questionnements : Quelles méthodes utiliser dans le cadre de la recherche de terrain en Sciences de l'Information et de la Communication ? Quelles sont leurs avantages et leurs limites respectives ? Comment dépasser les éventuels problèmes qui peuvent naître de la rencontre avec le terrain et ses acteurs ?

Les quatre textes réunis dans ce chapitre traitent des spécificités de différentes méthodes au prisme de recherches de terrain singulières. Lorenzo Barrault, doctorant en Science politique à l'université Paris 1, traite des apports de l'entretien approfondi semi-directif dans le cadre d'une enquête sur la réception et les rapports aux médias. Au contraire, pour Zeineb Touati, docteure de l'université Grenoble 3 et enseignante-chercheuse à l'université du Havre, l'entretien semi-directif présente dans certains cas des limites que l'usage de l'entretien ethnographique est à même de pallier.

Outre les entretiens qualitatifs, le chercheur peut également faire appel aux questionnaires quantitatifs. Linda Labandji, doctorante à l'université Paris 8-Vincennes-Saint-Denis, livre le récit d'une enquête quantitative portant sur les audiences féminines de la télévision transnationale arabe en Algérie.

Enfin, Nicolas Hubé, Maître de conférences en Science politique à l'université Paris 1, évoque le travail d'observation ethnographique au sein de rédactions de quotidiens qu'il a mené dans le cadre de sa thèse. Son texte aborde notamment le problème de la gestion de son statut d'observateur par le chercheur et de son positionnement sur son terrain.

L'entretien approfondi comme technique d'enquête sur la réception et les rapports aux médias

Lorenzo Barrault

L'entretien approfondi constitue une technique d'enquête particulièrement heuristique pour analyser la réception et les rapports aux médias. Lors d'une recherche sur les rapports au politique, j'ai réalisé 24 entretiens semi-directifs (d'une durée variable de 1h15 à 3h) avec des jeunes de milieux populaires scolarisés dans deux lycées professionnels de banlieue parisienne[83]. Une partie de l'investigation portait sur leurs vecteurs de politisation[84], notamment leurs discussions au quotidien et leurs rapports aux médias, c'est-à-dire à la fois leurs expositions médiatiques, leurs éventuelles réceptions et appropriations ainsi que leurs usages. L'approche retenue est ainsi proche de celle des travaux de sociologie de la réception[85]. Si j'ai opté pour une enquête par entretiens, c'est parce que l'objet de recherche s'y prêtait particulièrement et que les

---

[83] Pour plus de précisions voir L. BARRAULT, *Les rapports au politique de jeunes des milieux populaires : discerner la pluralité*, Mémoire de Master 2 Recherche Sociologie et Institutions du politique sous la direction de D. GAXIE, Université Paris 1 Panthéon-Sorbonne, juin 2006, 227 p. On se gardera de définir les « catégories/milieux populaires » mais ces expressions sont utilisées de manière indifférenciée pour désigner les individus occupant les positions les plus basses dans l'espace social. Il convient de rappeler que les catégories populaires ne constituent pas un ensemble homogène. (Voir par exemple J. RUPP, « Les classes populaires dans un espace social à deux dimensions », *Actes de la Recherche en Sciences Sociales* n°109, septembre 1995, pp. 93-98 ; N. ELIAS, J. SCOTSON, *Logiques de l'exclusion*, Paris, Fayard, 1997 (1e édition 1965), 341 p. L'échantillon retenu était « raisonné » dans le sens où la variété des enquêtés en termes de propriétés sociales a été recherchée au maximum (âge, classe, origine ethnique, dotations en différents capitaux, carrières scolaires...). Certains des agents interrogés étaient d'origine étrangère : sur les spécificités des relations enquêteur/enquêté en situation interethnique, voir notamment A. REA, M. TRIPIER, *Sociologie de l'immigration*, Paris, La découverte, Repères, 2003, p. 72.

[84] En adoptant une posture relativement légitimiste, on peut définir sommairement la « politisation » comme *« l'attention accordée au fonctionnement du champ politique »* (D. GAXIE, *Le Cens Caché. Inégalités culturelles et ségrégation politique*, Paris, Seuil, 1978, p. 240).

[85] Voir par exemple « Les thèmes de la réception », *Réseaux*, n°68, novembre/décembre 1994 ; B. LE GRIGNOU, *Du côté du public. Usages et réception de la télévision*, Paris, Economica, 2003, 239 p. ; I. CHARPENTIER (Dir.), *Comment sont reçues les œuvres : actualités de la recherche en sociologie de la réception et des publics*, Paris, Créafis, 2006, 284 p. ; E. PIERRU, « Effets politiques des médias et sociologie prophétique. Pour une sociologie des rapports ordinaires à l'information politique », J.-B. LEGAVRE (Dir.), *La presse écrite, un objet délaissé*, Paris, L'Harmattan, Logiques Politiques, 2004, pp. 289-313.

travaux quantitatifs en la matière connaissent certaines limites[86]. En effet, ces enquêtes se présentent le plus souvent sous la forme de questions fermées ne laissant que peu de liberté aux enquêtés. Les réponses sont standardisées et il n'est pas toujours possible de ne pas répondre (« sans opinion »)[87]. En pratique, nombre d'enquêtés se sentent dans l'obligation de produire une réponse pour ne pas « perdre la face [88] » et certains le font au hasard[89] ou de manière désinvestie, d'où des risques d'artefacts, c'est-à-dire des résultats artificiels produits par l'enquête elle-même. En outre, ces enquêtes quantitatives se déroulent lors d'interactions relativement brèves et il n'y a pas toujours consensus entre enquêteur et enquêté sur le sens des mots utilisés. Par exemple, un sondage d'opinion pose la question « *selon vous, la télévision permet-elle une avancée pour la démocratie ?* » alors que le mot « démocratie » peut porter à confusion et que les acteurs sociaux mobilisent des définitions tacites de celle-ci socialement différenciées, d'où la nécessité de comprendre réellement ce que les enquêtés ont en tête, c'est-à-dire d'être plus qualitatif et de relancer, ce que l'entretien approfondi permet.

1. Les apports méthodologiques d'une enquête par entretien

L'enquête effectuée a notamment permis de mettre en avant quatre intérêts majeurs de l'entretien approfondi pour analyser la réception et les rapports aux médias : la formulation de questions ouvertes laissant une large liberté de réponse aux enquêtés, les possibilités de nombreuses relances en cas de réponses imprécises, la facilité à poser des questions

---

86 Je m'inspire ici librement de P. BOURDIEU, « L'opinion publique n'existe pas », *Les temps modernes* n°318, janvier 1973, pp. 1292-1309; D. GAXIE, « Au-delà des apparences... Sur quelques problèmes de mesures des opinions », *Actes de la Recherche en Sciences Sociales* n °81/82, 1990, pp. 97-112; J. ZALLER, S. FELDMAN, « A simple theory of the survey response: answering questions versus revealing preferences », *American Journal of Political Science*, volume 36, n°3, aout 1992, pp. 579-616 ; A. GARRIGOU, *L'ivresse des sondages,* Paris, La découverte, Sur le vif, 2006, 122 p. ; P. LEHINGUE, *Subunda, coups de sonde dans l'océan des sondages,* Bellecombes en Bauges, Croquant, 2007, 267 p.

87 Ou alors seulement dans un deuxième temps, conformément aux consignes données aux administrateurs des questionnaires, eux-mêmes rarement spécialistes en sciences sociales.

88 Au sens de E. GOFFMAN (*La mise en scène de la vie quotidienne*, Paris, Minuit, 1973 ; volume 1 : *La présentation de soi*, 163 p.).

89 Voir sur ce point les travaux classiques de P. CONVERSE, « The nature of belief system in mass public », D. APTER(Dir.), *Ideology and discontent,* New York, Free Press, 1964, pp. 204-217, et « Attitudes and non-attitudes: continuation of a dialogue », E. TUFTE (Dir.), *The quantitative analysis of social problems,* Reading, Addison-Wesley, pp. 168-189.

concrètes sur les pratiques[90] et non seulement sur les opinions, et l'étude intensive des dispositions sociales des enquêtés (propriétés objectives, rapport au monde social...).

L'approche de l'entretien ici retenue se veut « rationaliste » au sens de G. Bachelard[91]. Sommairement, il s'agit de s'appuyer sur un cadre théorique pour élaborer des hypothèses de recherche articulées entre elles qui seront traduites en questions d'abord théoriques, puis empiriques posées aux enquêtés afin de vérifier et/ou d'infirmer les hypothèses de départ. Le guide d'entretien évolue peu à peu au cours de l'enquête, notamment au vu des premiers résultats empiriques, d'où d'incessants « va et vient » entre théorie et empirie.

Dans le cadre de l'enquête menée, deux principales hypothèses intéressent la sociologie de la communication. La première postule que certains jeunes des milieux populaires sont politisés par le biais des médias et/ou de leurs discussions au quotidien. Deux questions théoriques émergent alors : quelles sont leurs consommations médiatiques et comment reçoivent-ils l'information ? Et de quoi parlent-ils au quotidien ? Ces interrogations amènent empiriquement à poser des questions comme *« tu fais quoi concrètement pour te tenir au courant et t'informer ? »* ou *« tu parles de quoi avec ton entourage ? »*, avec ensuite des relances plus précises : *« quoi exactement ? »*, *« quand ? »*, *« où ? »*, *« avec qui ? »*, *« souvent ? »*, *« c'était quand la dernière fois ? »*, etc... Ce type de questions relance permet notamment d'obtenir des informations plus précises, de s'intéresser au contexte matériel concret des pratiques (mises en situation...) et ainsi de vérifier dans une certaine mesure les propos tenus par les enquêtés, autant d'avantages que les enquêtes par questionnaires ne permettent pas toujours ou tout du moins de manière moins approfondie.

---

[90] Sur les nécessités d'enquêter sur la matérialité des pratiques, voir par exemple les travaux de Roger Chartier sur la lecture (R. CHARTIER (Dir.), *Pratiques de la lecture*, Paris, Petite Bibliothèque Payot, 2003, 1e édition 1987, 323 p.). Dans le même sens pour ce qui est de la télévision : O. DONNAT et G. LARMET, « Télévision et contextes d'usages », *Réseaux*, volume 21, n°119, 2003, pp. 63-94.

[91] Notamment afin de ne pas sombrer dans l'empirisme, voir G. BACHELARD, *Le rationalisme appliqué*, Paris, PUF, 1966, 3e édition, (1eédition 1949), 215 p.

Deuxième hypothèse : il existe des rapports aux médias socialement différenciés[92]. Des questions très précises ont ainsi été posées aux enquêtés quant à leurs dispositions sociales et à celles de leurs entourages (famille, amis...) : origines, trajectoires individuelles et collectives, dotation en différents capitaux, positions plurielles[93], carrière scolaire, loisirs, religion, participation associative, conditions d'existence au quotidien... L'entretien a également permis de s'informer sur leur rapport au monde social, à leurs propres positions[94], à l'école (*« t'es satisfait de ton orientation ? »*), à l'avenir (*« tu te vois comment dans 10 ans ? »*)... Ce type d'informations n'est que très difficilement obtenu par le biais d'enquêtes quantitatives nécessairement moins approfondies.

2. Quelques résultats permis par l'entretien approfondi

L'enquête a permis d'établir plusieurs résultats intéressant les sciences de l'information et de la communication. Tout d'abord, la plupart des jeunes étudiés ne s'exposent qu'aux programmes médiatiques les concernant et les intéressant directement. Il a ainsi été constaté l'existence de mécanismes d'exposition (*« dans les infos, je regarde que ce qui me plait, c'est-à-dire pas grand-chose en fait, je zappe... quand c'est genre un truc qui me touche, là je mate mais bon sinon pas trop »*) et de réception sélective[95] des informations médiatiques (*« le truc sur le référendum sur la Constitution, j'ai regardé vite fait mais je me souviens plus vraiment vu que ça m'a pas trop intéressé [...] franchement je sais plus si c'est oui ou non qui a gagné »*).

Par ailleurs, les entretiens effectués incitent à la prudence quant aux prétendus effets des médias : être exposé à un message politique n'implique pas toujours une réception de celui-ci, encore moins une

---

92 Y compris dans une population parfois a priori considérée comme homogène, à l'image des jeunes des milieux populaires.

93 Sur ce point, voir L. BOLTANSKI, « L'espace positionnel. Multiplicité des positions et habitus de classe », *Revue Française de Sociologie* n°14, 1973, pp. 3-26.

94 Par exemple, être élève de lycée professionnel ne produit pas les mêmes effets lorsque l'on est fils d'ouvrier industriel que lorsque que l'on est fils d'un cadre du privé particulièrement doté en capital social.

95 Ce type de mécanisme a déjà été mis en avant par de nombreux travaux, notamment B. BERELSON, H. GAUDET, P. LAZARSFELD, *The people's choice, How the voter makes up his mind in a Presidential campaign*, New York, Columbian University Press, 1944, 178 p. Ces auteurs ont également montré que les campagnes électorales persuadent surtout les plus convaincus ou prédisposés à l'être.

réception politique[96]. Nombre des jeunes interrogés sur leurs pratiques concrètes expliquent par exemple être parfois devant le téléviseur mais sans y porter attention ni le regarder. On comprend ainsi combien de simples mesures d'audience ou enquêtes quantitatives ne sauraient suffire lorsque l'on prend pour objet la réception. Le poids de la communication médiatique semble donc à relativiser et on aurait tort de croire à l'existence de citoyens passifs manipulés par les médias.

A contrario, les questions sur les « discussions ordinaires » ont souligné l'influence de la communication interpersonnelle[97] sur nombre de ces jeunes. Lorsqu'on leur demande par exemple leurs opinions politiques, certains se réfèrent à des *leaders d'opinion* (notamment leurs parents) et plus rarement aux informations médiatiques (*« sur la politique moi j'écoute pas la télé, c'est plutôt quand mes parents en parlent vite fait, je me dis qu'ils savent mieux et je fais un peu comme ils pensent »*).

En outre, l'enquête a permis d'observer l'existence d'une pluralité d'usages des médias et de l'information ; parfois même insoupçonnés, à travers lesquels ces jeunes font preuve de réelles « capacités inventives[98] ». Certains s'en servent par exemple pour apprendre à danser (*« la télé c'est surtout les clips sur MCM, c'est comme ça que j'ai appris à danser, je m'entraine des fois en les regardant »*), pour séduire (*« quand t'as des filles un peu limitées en face de toi, tu les fais kiffer [craquer] avec ça [des informations politiques vues dans les médias] »*) ou encore pour alimenter leurs discussions et s'intégrer dans un groupe (*« je regarde cette série parce qu'on en parle souvent au lycée [...] au moins t'as pas trop l'air bête »*).

Enfin, cette enquête a permis de mettre en avant des rapports aux médias socialement différenciés dans la population étudiée. Quatre idéaux types[99] en la matière ont ainsi été dégagés. Les rares jeunes des

---

[96] Dans le même sens, voir certains travaux de sociologie de la réception : par exemple B. LE GRIGNOU, « Réceptions présumées politiques », I. CHARPENTIER (Dir.), *Comment sont reçues les œuvres, op. cit.*, pp. 141-152.

[97] Voir sur ce point E. KATZ, P. LAZARSFELD, *Personal Influence. The part played by people in the flow of mass communications*, New York, The Free Press of Glencoe, 1955, 401 p. Pour une application à des jeunes de milieux populaires : C. BAUDELOT, G. MAUGER, *Jeunesses populaires*, Paris, L'Harmattan, 1994, p. 60.

[98] On reprend ici une formule de A. COLLOVALD et F. SAWICKI, « Le populaire et le politique », *Politix* n°13, 1991, p. 11.

[99] Au sens de Max Weber, forme pure n'existant pas en tant que tel dans la réalité empirique et contenant « ce qui du point de vue du savant [...] est essentiel » (*Essai sur la théorie de la science*, Paris, Agora, Pocket, (1e édition 1922), 1992, p. 172 et suivantes). Ces idéaux types

milieux populaires disposant d'un certain capital culturel autodidacte et se sentant légitimes à s'impliquer politiquement sont ceux qui utilisent le plus les médias pour s'informer en politique. Ils s'exposent régulièrement aux informations (*Le Parisien*, *20 Minutes*...) et leurs réceptions sont clairement politiques (*« y'avait un article sur les médias et leur dépendance financière des entreprises, on voit bien que c'est encore le libéralisme »*). D'autres jeunes plus favorisés économiquement au sein des catégories populaires, peu intéressés par la politique et évoquant leur âge pour s'en justifier, utilisent les médias surtout pour se divertir[100] et non pour s'informer politiquement. Ils ne s'exposent que faiblement aux informations et préfèrent les programmes de divertissement (séries télé...). Les rares fois où ils consomment des programmes politiques, leurs réceptions se font sur un mode non politique (*« y'avait un truc sur les émeutes hier soir à la télé [...] c'était marrant mais ça s'arrête là, c'est pas de la politique »*). Certains jeunes connaissant plus de difficultés dans leur vie quotidienne sont faiblement dotés en capital économique et culturel, et entretiennent un rapport sceptique avec la politique. Ils s'exposent très rarement aux informations et leurs éventuelles réceptions sont désinvesties politiquement. Ils portent cependant une attention particulière aux informations les concernant directement dans leur vie quotidienne[101] (« émeutes » de novembre 2005, racisme...) et dans des domaines où ils disposent de certaines compétences pratiques[102]. Sur ce type de sujet, ils sont parfois critiques à l'égard du traitement médiatique (*« à la télé ils ont que montré les trucs spectaculaires des émeutes, on aurait dit la guerre civile alors qu'en vrai c'était pas ça »*). Enfin, d'autres jeunes, plus marginaux encore, de sexe masculin, issus de l'immigration et dont les spécificités des différentes

---

gagneraient à être plus largement documentés mais des contraintes d'ordre éditorial ne le permettent guère. On renvoie donc à L. BARRAULT, *Les rapports au politique de jeunes des milieux populaires : discerner la pluralité*, *op. cit.* Ces différents types de rapports aux médias renvoient en réalité à diverses configurations de propriétés sociales partagées de manière idéale typique par nombre d'agents sociaux.

100 Le fort attrait pour les loisirs affiché par ce type de jeunes est une propriété fondamentale expliquant pour une large part leur rapport au monde social et à la politique.

101 A la manière des « questions sociales » davantage traitées sur un mode privatif par les individus situés au bas de la hiérarchie sociale (D. GAXIE, « Des points de vue sociaux », *Le "Social" transfiguré*, PUF, 1990, p. 150 et suivantes).

102 A la manière de *« cette compétence du signe qui [...] est celle des groupes populaires notamment lorsqu'ils évaluent et jugent le monde politique »* (E. NEVEU, A. COLLOVALD, *Lire le noir*, Paris, BPI, 2004, p. 308). B. PUDAL parle de « politisation pratique » (« Politisations ouvrières et communisme », in M. DREYFUS *et ali*, *Le Siècle des communismes*, Paris, L'Atelier, 2000, pp. 759-779).

socialisations poussent à ne pas se sentir français sont indifférents politiquement. Ils ne s'exposent jamais aux informations politiques, sauf parfois à celles concernant leur pays d'origine. Ils font cependant preuve d'un faible degré d'appropriation en la matière et leurs connaissances sont limitées (*« le nouveau Président, c'est Préval [...] je sais pas trop ce qu'il veut »*). Les résultats obtenus dans le cadre de cette enquête illustrent ainsi nombre d'apports heuristiques permis par l'entretien approfondi.

3. Quelques biais à éviter dans le cadre d'une enquête par entretien

Cependant, malgré leurs apports, les enquêtes par entretien connaissent certaines limites. Il convient donc de prendre garde à différents écueils lors du travail de recherche. Une des principales critiques de cette technique d'enquête tient à son caractère non représentatif. Celui-ci doit cependant être assumé[103] : les travaux qualitatifs n'ont pas vocation à être représentatifs mais plutôt à étudier intensivement un fait social précis. Les résultats obtenus par entretien n'en sont pas moins généralisables, notamment grâce aux propriétés sociales des enquêtés. Par exemple, en l'espèce, les enquêtés ne sont pas représentatifs de l'ensemble des jeunes des milieux populaires[104] (particulièrement du fait de leur scolarisation dans l'enseignement professionnel et des effets de sélection produits par l'enquête[105]). Mais les résultats obtenus sont tout de même généralisables à d'autres jeunes de milieux populaires disposant de propriétés proches de celles des enquêtés. Puisque les dispositions sociales des agents au cœur de cette recherche sont partagées par nombre de « compagnons d'expériences »[106], les différents idéaux types de rapports aux médias mis en perspective sont généralisables à d'autres jeunes présentant des propriétés relativement similaires à celles des enquêtés.

---

103 Je rejoins sur ce point S. BEAUD (« L'usage de l'entretien dans les sciences sociales. Plaidoyer pour l'entretien ethnographique », *Politix* n°35, 1996, p. 233 et suivantes).

104 Des recherches restent à faire en la matière, notamment auprès de jeunes plus marginaux et déscolarisés.

105 On remarquera au passage que ces effets de sélection concernent également les enquêtes quantitatives, peut-être même dans une plus grande mesure puisque l'enquête qualitative permet bien souvent au chercheur de tisser des liens sur le terrain et parfois d'avoir accès à certains individus refusant le plus souvent de se prêter à une enquête en sciences sociales.

106 D. GAXIE, « Appréhensions du politique et mobilisations des expériences sociales », *Revue Française de Science Politique*, vol. 52, n°2/3, 2002, p. 171. Voir ce texte pour plus de développement quant aux possibilités de généralisation de ce type d'enquête.

Une autre limite potentielle de l'entretien réside dans les risques d'artefacts suscités par la relation d'enquête, d'où la nécessité de minimiser les impositions de problématique, en posant notamment des questions ouvertes au maximum (laissant une certaine liberté de réponse) et surtout ayant un sens concret pour les interrogés et non excessivement abstraites. Mieux vaut par exemple demander *« vous avez regardé la télé cette semaine ? »* (avec éventuellement des relances plus concrètes par la suite) que *« quel type de médias pensez-vous utiliser le plus régulièrement dans votre vie quotidienne pour vous informer politiquement ? »*. Le chercheur doit donc prendre garde à ce type de biais dans l'élaboration du guide d'entretien.

Par ailleurs, certains auteurs constructivistes expliquent que tout ce que disent les individus est contextuel et variable du tout au tout selon les situations. Selon eux, les propos tenus en entretien n'auraient que peu de valeur et les résultats obtenus seraient donc à relativiser. On peut cependant objecter que s'il existe des variations situationnelles des propos des enquêtés[107], celles-ci sont limitées par les dispositions incorporées par les acteurs sociaux (leur *habitus* au sens de P. Bourdieu)[108]. Ainsi, n'importe qui ne dit pas n'importe quoi dans n'importe quelle situation. Les déclarations des enquêtés ont donc une certaine valeur et le chercheur peut les prendre au sérieux. Il doit cependant éviter les dérives d'ordre subjectiviste qui consisteraient à prendre pour argent comptant l'ensemble du discours des acteurs. Les déclarations des enquêtés méritent ainsi d'être approfondies et vérifiées par le biais de questions de relances. Le chercheur peut par exemple soulever les contradictions dans le discours de l'enquêté pour l'obliger à préciser ses propos (*« vous dites que vous ne regardez pas la télé mais vous disiez*

[107] L'enquête a par exemple permis d'établir que certains jeunes des milieux populaires parlent de politique dans une situation d'interconnaissance mutuelle mais ne sont pas capables de réitérer leurs prises de position dans des situations où ils craignent d'être stigmatisés pour leur incompétence, comme par exemple un studio radio.

[108] Je rejoins sur ce point Bernard Lahire qui avance l'idée *« de l'incorporation par chaque acteur d'une multiplicité de schèmes d'action qui s'organisent en autant de répertoires que de contextes sociaux »* et varient en fonction de *« la pertinence contextuelle relative de leur mise en œuvre [...] ces produits (de la socialisation) sont souvent à usages différés, mis temporairement ou durablement en réserve, et attendent donc les déclencheurs de leurs mobilisations »* (*L'homme pluriel. Les ressorts de l'action*, Paris, Hachettes Littératures, 2001, 1e édition 1998, pp. 60-62). Il ajoute : *« les situations sociales dans lesquelles nous vivons constituent de véritables "activateurs" des abrégés d'expériences incorporés que sont nos schèmes d'action ou nos habitudes, [...] nous dépendons ainsi fortement de ces contextes sociaux (institutionnels ou non institutionnels) qui "tirent" de nous certaines expériences et en laissent d'autres à l'état de gestation ou de veille »* (*Ibid.*, p. 102).

tout à l'heure que vous regardez le JT tous les soirs »). De manière générale, pour ne pas se contenter du simple discours des acteurs, l'analyste doit adopter une posture de non naïveté sociologique et d'approfondissement, une « éthique de doute[109] ».

Conclusion

Si l'entretien approfondi rigoureusement mené permet nombre d'apports en sciences sociales, et particulièrement pour analyser la réception des médias, il est cependant inutile d'opposer méthodes quantitatives et qualitatives. Celles-ci sont complémentaires : les enquêtes quantitatives sont parfois plus représentatives et celles qualitatives permettent de tirer des conclusions plus fines et souvent d'orienter les travaux quantitatifs dans leur construction[110]. Recourir à différentes techniques d'enquête sur un même objet favorise en outre la concurrence entre chercheurs. Celle-ci constitue la seule véritable garantie de scientificité en sciences sociales du fait même de leur nature non poppérienne et non falsifiable[111].

---

109 Selon la formule de P. BOURDIEU, J.-C. CHAMBOREDON, J.-C. PASSERON, *Le métier de sociologue,* Paris, Mouton, 1973, p. 57 et suivantes.

110 Je rejoins sur ce point F. SAWICKI, « Les politistes et le microscope », CURAPP, *Les méthodes au concret,* Paris, PUF, 2000, p. 156.

111 Voir J.-C. PASSERON, *Le raisonnement sociologique. L'espace non poppérien du raisonnement naturel,* Paris, Nathan, Collection Essais et Recherches, série Sciences Sociales, 1991, 408 p.

Les limites de l'entretien semi-directif en SIC

Zeineb Touati

Dans le cadre de notre travail de thèse, nous avons eu à questionner le rôle et les limites possibles de l'entretien semi-directif, outil méthodologique que nous avions utilisé lors de différentes recherches universitaires. L'objectif de notre thèse intitulée *Relations symboliques et communication en Tunisie, les représentations sociales de la femme entre le politique, les médias, la culture et l'Islam*[112], était de mesurer et mettre en évidence le rôle des médias de masse aussi bien tunisiens qu'étrangers dans la construction, l'évolution et/ou la disparition des représentations sociales des femmes dans la société tunisienne. L'objectif principal était donc de distinguer et de dégager le rôle des médias, celui des institutions : l'Etat par l'intermédiaire de l'action politique ; la famille et l'école (via les mécanismes de socialisation), ou encore les instances religieuses dans les processus symboliques de formation et de pérennisation des représentations sociales des femmes dans la société tunisienne. Outre notre connaissance du terrain et de la culture, le choix du sujet était motivé par la centralité de la question du statut de la femme dans la société et la vie politique en Tunisie et par sa présence permanente dans les médias et dans les discours médiatiques depuis une cinquantaine d'années. Après avoir établi le cadre théorique et défini notre conception de la notion de représentations sociales, nous devions choisir les outils méthodologiques parmi lesquels l'entretien[113].

1. L'entretien semi-directif

Les représentations sociales se manifestent à la fois dans les institutions, dans les pratiques réglées et dans les esprits (sous forme consciente et inconsciente). Il est nécessaire d'analyser comment les individus reproduisent et s'approprient les représentations communes, en fonction de leurs origines, de leurs trajectoires et de leurs positions sociales. L'entretien est donc un passage obligé.

---

112 Z. TOUATI, *Relations symboliques et communication en Tunisie, les représentations sociales de la femme entre le politique, les médias, la culture et l'Islam*, Thèse en SIC, Université Stendhal, Grenoble 3, Octobre 2006, 482 p. Mention Très Honorable.

113 Cf. Z. TOUATI, « Critères de choix des outils méthodologiques en sociologie de la communication », *Actes du XVIIe Congrès de l'AISLF*, Tours, Juillet 2004.

L'objet de recherche relevant de la mise en évidence des représentations sociales de la femme, plus particulièrement de l'idéologie et des croyances collectives, le recours à l'enquête par entretiens se justifie et même s'impose parce que cette méthode *« est particulièrement pertinente lorsque l'on veut analyser le sens que les acteurs donnent à leurs pratiques, aux événements dont ils ont pu être les témoins actifs ; lorsque l'on veut mettre en évidence les systèmes de valeurs et les repères normatifs à partir desquels ils s'orientent et se déterminent. Elle a pour spécificité de rapporter les idées à l'expérience du sujet. Elle donne accès à des idées incarnées, et non pas préfabriquées, à ce qui constitue les idées en croyance et qui, pour cette raison, sera doté d'une certaine stabilité »*[114].

L'entretien apparaissait comme l'instrument privilégié de l'exploration des faits subjectifs (systèmes de représentations et pratiques sociales résultant de ces systèmes) dont la parole est le vecteur principal. Justement c'est essentiellement dans l'expression individuelle que les représentations sociales nous sont accessibles et nous paraissent concrètes. *« Quel que soit le niveau d'analyse auquel on se place pour étudier une représentation (dans la société ou dans un groupe), on commence le plus souvent par réunir une collection de discours individuels. [...] Ces discours vont se concrétiser à la fois par leur variabilité et leur convergence. Variabilité dans les modes d'expression et dans les expériences de chacun, convergence dans les significations attribuées à l'objet et dans les logiques de raisonnement »*[115].

De manière classique, nous avons d'abord fait de l'entretien semi-directif un outil principal de recueil des données, parce que celui-ci permet – tout en ayant un objectif et un plan précis – une certaine marge de manœuvre pour recueillir un maximum d'informations et de données. Dans ce type d'entretien et contrairement à l'entretien directif par exemple, la question ne provoque pas une simple réponse, mais fait construire un discours et c'est dans ces discours que nous voulions observer la reproduction des représentations sociales et procéder à l'interprétation de leur subjectivation par des individus concrets afin d'y puiser l'essentiel des réponses aux hypothèses de départ.

Nous avons donc décidé de mener une série d'entretiens semi-directifs auprès de deux groupes distincts. Le premier se compose d'

---

[114] A. BLANCHET et A. GOTMAN, *L'enquête et ses méthodes : L'entretien*, Paris, Nathan Université, 1992, p. 25.

[115] P. MOLINER, P. RATEAU et V. COHEN-SCALI, *Les représentations sociales : Pratique des études de terrain*, Rennes, Presse Universitaire de Rennes, 2002, p. 25.

acteurs et de spécialistes de la question féminine tandis que le second est constitué d'un échantillon raisonné de la population tunisienne. Chaque type d'entretien répondait à un guide d'entretien spécifique. Pour le premier groupe, nous avons sélectionné dix-huit personnes parmi lesquelles des responsables politiques, des responsables de la programmation sur les chaînes de télévision nationale, des sociologues spécialistes de la question de la femme et travaillant sur la problématique de l'image de la femme tunisienne, des journalistes, des cinéastes et des militantes associatives. Les entretiens avec ces personnalités nous ont permis de déceler les axes de la stratégie de communication du Ministère de la Femme et de la Famille et des organismes rattachés. Ils nous ont également permis de recueillir le point de vue des principaux protagonistes ou acteurs de l'image de la femme dans les médias (télévision, presse écrite et cinéma). Le second groupe devait comprendre 70 entretiens auprès d'un échantillon de la population tunisienne, menés dans les quatre principales villes.

Nous avons débuté par une série de quinze entretiens exploratoires afin d'affiner et de préciser le guide d'entretien. C'est à partir de ces entretiens exploratoires que nous avons été amenée à questionner le statut même de l'entretien semi-directif et les limites qu'il pouvait engendrer pour une recherche comme la nôtre.

2. Les limites de l'entretien semi-directif

Nous nous sommes rapidement rendu compte qu'il y avait un blocage lié à la nature même du lien établi avec les enquêtés et à la nature de la conversation. Malgré tous les efforts de mise en confiance, les enquêtés ne livraient manifestement pas une réflexion subjective spontanée ou sincère. La nature du lien établi et le cadre de l'entretien empêchaient les personnes enquêtées de se livrer, de se référer à des expériences personnelles, à leur vécu. Certaines d'entre elles essayaient de nous « resservir » le discours officiel et gouvernemental largement répandu concernant les images médiatiques et sociales de la femme.

Par ailleurs, nous avons remarqué que le fait de disposer d'un guide d'entretien et de préciser des thèmes de questionnement limitait les réponses des enquêtés. Ce mode d'entretien s'est ainsi avéré insuffisant pour accéder aux modalités de construction des représentations sociales par les individus. Nous ne souhaitions pas reproduire des données quantitatives, mais amener les individus à réfléchir sur leur propre discours et à nous livrer ce raisonnement. Ce qui se dégageait de ces entretiens exploratoires relevait de l'ordre des images et des représentations des femmes, et non du mode de la construction de ces discours ou les arguments qui les fondaient. La modification de certaines questions posées, de leur ordre et de l'organisation même de l'entretien restait vaine. Les questions n'entraînaient pas des discours réflexifs mais de simples réponses, faiblement cohérentes et le plus souvent en contradiction avec les données empiriques recueillies et les théories les plus classiques. Nous avons, à titre d'exemple, été très surprise de noter l'absence de référence aux chaînes de télévision étrangères dans les discours de nos interviewés alors même que les données officielles et les mesures d'audimat prouvaient que des chaînes telles que Al Jazeera, France 2, TF1 et d'autres chaînes satellitaires arabes étaient fortement regardées en Tunisie.

Malgré toutes nos tentatives et les réajustements opérés, les quinze premiers enquêtés ne parvenaient pas à retracer les modalités de construction de leurs discours ce qui limitait notre capacité compréhensive et la mise à jour des univers symboliques qui initialement fondent leur argumentation.

3. La nécessité de l'entretien ethnographique

Constatant les limites de l'entretien semi-directif, nous avons décidé de mettre en place un dispositif d'entretien ethnographique constitutif d'un cadre d'observation tel que défini par Strauss[116] et qui rejoint ce que Bogdan et Taylor[117] ont appelé « l'entretien en profondeur ». Pour cela, nous avons changé de posture et de postulat de départ. Au lieu de partir d'un modèle hypothético-déductif qui aurait situé les médias de masse comme facteur de construction des représentations sociales des femmes, nous avons laissé la parole aux enquêtés pour qu'ils fassent émerger, par et dans leurs discours et leurs comportements, la façon dont ils envisageaient la place et le statut de la femme dans leur société.

---

116 L. SCHATZMAN et A. STRAUSS, *Field research: Strategies for a natural sociology*, New Jersey, Englewood Cliffes, 1973. Voir aussi : B. GLASER et A. STRAUSS, *The Discovery of Grounded Theory: Strategies for Qualitative Research*, Chicago, Aldine, 1967.

117 B. ROBINSON et T. STEVEN, *Introduction to qualitative research methods: A Phenomenological Approach to the Social Sciences*, New York, John Wiley, 1975.

Dans ces entretiens de type ethnographique, les enquêtés sont situés dans leur milieu social et prennent place dans la dimension historique et locale : histoire longue, religion, culture et trajectoire biographique individuelle. Cette configuration spécifique, en créant une interaction entre le chercheur et l'interviewé – interaction favorable à la libération de la parole – nous a permis de faire émerger une typologie des représentations sociales les plus partagées et les plus répandues. En prenant part à certaines activités des enquêtés et à leur quotidien, nous sommes partie d'une situation d'observation participante et de conversation courante avec les enquêtés pour les amener sur le terrain de l'entretien en faisant la distinction établie par Strauss entre conversation courante et ordinaire, très répandue en ethnographie, et entretien ethnographique non structuré mais réfléchi et préparé. La phase de l'observation et de la conversation nous a permis une meilleure connaissance des enquêtés, de leurs référentiels et d'une partie de leurs pratiques et de leurs comportements, comme elle nous a permis de gagner leur confiance. La phase d'observation et d'écoute aboutissait systématiquement à un échange et à la construction d'une réflexion profonde et spontanée. Les questions n'étaient plus posées de façon directe ou précise – ni dans un ordre donné – mais étaient adaptées à la situation, aux discours construits et surtout aux propos tenus par l'enquêté lors de la phase d'observation et de conversation.

Le fait de passer davantage de temps avec les enquêtés (4 heures en moyenne), dans des lieux qu'ils connaissent et en l'absence du stress et de la gêne qu'avait engendrés la situation d'entretien explicite, a libéré les enquêtés. Introduite par une connaissance ou les approchant dans le local d'une voyante, dans un salon de coiffure, ou encore à la table d'un café, nous avons observé les enquêtés dans des endroits qui leur étaient familiers.

C'est ainsi que nous avons rapidement observé les différences en termes de richesse des discours et de sincérité des propos entre les deux modes d'entretiens. Avec la confiance due à la phase d'écoute et de conversation, les enquêtés se sont libérés, ont parlé plus facilement de leur vécu, de leur sexualité et de leurs représentations des femmes. Les conditions de l'entretien ethnographique ont également favorisé une expression plus libre sur le poids de la culture arabo-musulmane et de la religion, et ont fait émerger les médias et l'imaginaire arabo-musulman, comme autant de sources articulant la construction des représentations des femmes. Comme un stock dans lequel les individus puisent des représentations et des modes de légitimation.

Sans le travail d'observation et de conversation, et compte tenu des interdits sociaux et religieux, rares auraient été les femmes et les jeunes filles qui, en situation d'entretien semi-directif, nous auraient dévoilé leur transgression de certaines règles sociales et religieuses, comme le fait qu'elles aient eu des rapports sexuels hors mariage. Rares aussi celles qui auraient avoué considérer les femmes comme inférieures à l'homme, comme des êtres faibles aux mœurs légères et aguicheuses. Les enquêtées nous fournissaient au fur et à mesure de l'avancement de l'entretien leurs représentations, les modalités de construction de ces représentations et en présentaient les fondements historiques, religieux et médiatiques. Autant d'éléments qui n'apparaissaient pas clairement lors des entretiens semi-directifs et que l'entretien ethnographique a permis de dévoiler.

Par ailleurs, l'observation de certains enquêtés hommes nous a permis à plusieurs reprises de détecter des incohérences entre les discours fournis et les comportements observés. C'est ce qui nous a permis de les interpeller et de les relancer avec des éléments concrets. Ceci nous a également permis de les amener à réfléchir à ces incohérences et à essayer de les expliquer, enrichissant ainsi considérablement notre recherche de thèse.

Conclusion

Partir d'un modèle hypothético-déductif et privilégier l'entretien ethnographique ont modifié l'orientation de la recherche et l'ont considérablement enrichie. Ce sont les entretiens qui ont fait émerger de manière structurante les médias de masse comme faisant partie intégrante d'un ensemble de facteurs de construction des représentations sociales des femmes. L'apport de l'entretien ethnographique a été considérable dans notre recherche parce qu'il a permis de bâtir une approche différente de celle initialement prévue ainsi qu'une méthodologie plus variée. Ce sont bien les discours des enquêtés qui nous ont permis d'intégrer et de justifier l'analyse cinématographique de deux films tunisiens, l'analyse de fictions télévisées et d'une série de spots publicitaires diffusés sur la chaîne publique tunisienne, et l'analyse de contenu de deux quotidiens parce que présentés dans les discours comme sources de représentations et moyens de légitimation de certaines autres images sociales de la femme. Ceci nous a aussi permis d'éliminer les médias étrangers de notre corpus parce que totalement absents des références de nos enquêtés. C'est aussi dans les discours, construits dans et grâce au cadre de l'entretien ethnographique, que nous avons relevé l'importance des composantes de l'imaginaire arabo-musulman et la nécessité de les analyser. D'où l'analyse des *Contes des mille et une nuits*, fondateurs dans la culture arabo-musulmane et de quatre contes populaires maghrébins dans lesquels les enquêtés ont puisé les figures de la vierge adorée, de la femme sorcière ou encore de la femme perfide et adultère. Nous avons également dû prendre en considération les proverbes tunisiens et maghrébins fortement présents dans les discours comme arguments fondateurs de quelques représentations.

L'analyse des entretiens ethnographiques a abouti à la création de onze catégories de représentations sociales des femmes ainsi qu'à la construction d'une typologie des modalités de construction de ces représentations et de leur transmission : leurs fondements et leurs modes de légitimation. Sans le recours à l'entretien ethnographique, nous aurions été dans l'incapacité de mettre à jour toute la complexité des liens entre représentations, religion, culture, politique et médias.

Récit d'une enquête quantitative : l'impact des chaînes religieuses du Golfe sur les enseignantes en Algérie

Linda Labandji

Nos travaux de recherche portent sur le rôle spécifique des médias transnationaux arabes dans les dynamiques de changements dans les pays arabes. Nous étudions plus particulièrement les nouvelles chaînes religieuses du Golfe[118] et leur impact sur les futures enseignantes en Algérie. Durant le mois de novembre 2006, nous avons mené une enquête de terrain sur la base d'un questionnaire quantitatif. Les études quantitatives consistent à évaluer un phénomène en le mesurant ou le quantifiant, « *elles permettent de recueillir, sur un ensemble d'éléments, des informations comparables d'un individu à l'autre. C'est cette comparabilité des informations qui permet ensuite les dénombrements et plus généralement, l'analyse quantitative des données* »[119]. Il existe plusieurs manières de mener une enquête quantitative et il ne s'agit pas ici de donner « la bonne méthode », car aucune n'est irréprochable et par ailleurs, la méthode à employer varie en fonction du sujet de l'étude, de sa problématique, du temps et du budget dont on dispose pour sa réalisation. Pour faire le récit de cette enquête, nous proposons d'évoquer rapidement les objectifs, puis de nous attarder sur la conduite et les premiers résultats de l'enquête quantitative.

1. Les objectifs de l'enquête

De la définition des objectifs dépend l'articulation entre le travail théorique et le terrain. C'est une phase délicate qui nécessite un effort de documentation et de connaissance préalable du terrain. Méthodologie,

---

118 Ces chaînes sont dites nouvelles car la première chaîne entièrement religieuse est lancée en 1998. Par ailleurs, les chaînes religieuses du Golfe diffusent des émissions en rupture avec les formats traditionnels des prêches religieux. Une rupture à deux niveaux : d'une part, par les formats adoptés, qui sont caractéristiques des émissions de divertissement ; d'autre part, par un discours qui conçoit l'arbitrage entre civilisations (regagner la puissance perdue et effacement des humiliations, guerre israélo-palestinienne, dépendance politique et économique, occupation de l'Irak...) non plus sur le terrain du politique, mais sur le terrain économique.

119 K. LAPIERRE, *Procédure de collecte de données*, Module III, <http://www.invs.sante.fr>.

échantillonnage et questionnaire sont fonction des trois objectifs suivants :

1. Mesurer le poids des chaînes religieuses parmi les téléspectateurs des chaînes satellitaires arabes afin d'évaluer le succès de ces chaînes en Algérie.

2. Caractériser les téléspectatrices[120] des chaînes religieuses et ainsi définir leur profil à partir de critères socio-démographiques, de mobilité et des conditions matérielles de réception.

3. Déterminer en quoi ces chaînes interfèrent dans la conduite[121] des femmes. Les femmes se réfèrent-elles, ou agissent-elles, en fonction des discours véhiculés par les chaînes religieuses ? Il s'agit de déterminer si ces émissions participent de la transformation, voire de la majoration des pratiques religieuses[122] des femmes en Algérie.

L'enquête quantitative constitue un aspect de notre travail de thèse, et sera complétée par une analyse de contenus de programmes télévisuels. Ainsi, nous effectuerons une analyse de contenus des émissions religieuses de la chaîne *Iqr'a*[123] afin d'étudier les conduites valorisées par cette chaîne. Enfin, nous réaliserons une étude de réception des émissions à partir d'un questionnaire qualitatif.

2. Choisir une méthode adaptée au terrain

Avant le passage au terrain, nous avions envisagé deux méthodes d'approche de l'échantillon. Dans le premier cas, l'accès à l'échantillon se

---

120 Plus de 60% du public de ces chaînes est féminin (sondage Gallup, Avril 2006). C'est pourquoi seules les femmes ont été interrogées.

121 La notion de conduite au sens où l'entend Foucault : *« une autre conduite, c'est-à-dire vouloir être conduit autrement, par d'autres conducteurs et par d'autres bergers, vers d'autres objectifs et vers d'autres formes de salut, à travers d'autres procédures et d'autres méthodes. Ce sont des mouvements qui cherchent aussi, éventuellement en tout cas, à échapper à la conduite des autres, qui cherchent à définir pour chacun la manière de se conduire »*. Il s'agit ici de la forme de conduite privée des femmes, c'est à dire que la question est : cherchent-elles à se conduire et si c'est le cas, vont-elles chercher des méthodes et des manières de se conduire au travers de la télévision et en particulier des nouvelles émissions religieuses. M. FOUCAULT, *Sécurité, territoire, population : Cours au collège de France (1977-1978)*, Paris, Seuil, 2004.

122 Le terme de majoration est employé au sens de Michel Foucault a propos du pastorat ; il signifie ici amplification.

123 *Iqr'a* (apprend), doyenne de ces chaînes, a été lancée en 1998. En 2007, on compte 25 chaînes religieuses qui rivalisent avec l'audience des émissions de divertissement telles que la « Star Academy arabe ».

ferait via notre réseau familial. Nous avions identifié dix femmes issues de différentes catégories socioculturelles, qui devaient nous introduire dans leur propre cercle familial, amical et de voisinage. La seconde méthode, plus classique, consistait à accéder à un échantillon en nous rendant au sein d'une institution universitaire.

Avant de nous rendre sur le terrain, il nous est apparu indispensable de prévoir deux méthodes d'approche de l'échantillon compte tenu du contexte politique et social de l'Algérie. Au Moyen-Orient, au Maghreb les probabilités de contre-temps et de changements, inhérentes à tout travail d'enquête, sont multipliées. Les contingences d'ordre sécuritaire, mais également les rapports humains font qu'il est très difficile de prévoir très précisément toutes les étapes de l'enquête. Il s'agit d'une autre conception de la temporalité. Il faut par exemple garder à l'esprit que la mobilité des personnes, soit le passage de ville en ville par les voies routières, ne va pas de soi. Même si, en 2006, la situation s'est considérablement améliorée en Algérie[124], les barrages militaires sont encore nombreux, et les tours de guet jalonnent les routes aussi bien à l'Est du pays qu'à l'Ouest. Dina Matar, chercheuse à l'université de Westminster en Angleterre, lors d'un colloque qui a eu lieu le 9 décembre 2006[125], a évoqué la seconde spécificité de ces terrains : *« vous êtes obligés de devenir des anthropologues, malgré vous »*, avait-elle dit. En effet dans le cadre de notre enquête nous avons réalisé un grand nombre d'entretiens informels et improvisés. Finalement, en Algérie, confrontée au terrain, nous avons choisi d'opter pour la seconde méthode. C'est ainsi qu'entre le 26 octobre et le 1er décembre 2006, nous avons interrogé 851 femmes et futures enseignantes, étudiant au sein des Écoles Normales Supérieures[126] (ENS) des villes d'Oran, d'Alger et de Constantine.

---

124 Les routes étaient devenues impraticables durant les dix années de terrorisme qui suivirent l'arrêt du processus électoral en 1991, en raison des « faux barrages » que tendaient les intégristes armés.

125 Workshop on "Researching Arab Media, Culture and Society: Confronting Methodological Challenges", Saturday 9th December 2006, 11 am-5pm, University of Westminster, Cavendish Campus.

126 Comme dans le système français, les enseignants du secondaire sont formés dans des instituts spécialisés, les ENS (IUFM en France). Les étudiants suivent un cursus de cinq ans à la suite duquel un examen délivre la capacité à exercer le métier d'enseignant. Au total, les trois écoles réunissent un ensemble de 6 000 étudiants.

3. L'enquête

3.1. La constitution de l'échantillon

Quel que soit le type de recherches effectuées, l'échantillonnage constitue toujours un problème fondamental. Lorsqu'on mène une enquête quantitative, il faut garder à l'esprit que le « nombre » de personnes interrogées est déterminant pour s'assurer de la validité de la recherche. Un échantillon professionnel comprend 1 000 individus au minimum. Or en tant que chercheurs, il est difficile d'atteindre cette masse critique car nous ne disposons pas des moyens d'un institut de sondage. Il faut donc faire au mieux, mais rester réaliste quant aux capacités et aux moyens dont on dispose. Toutefois, nous avons fait appel à deux chercheurs-amis pour réaliser cette enquête de terrain, auquel s'est ajouté l'aide précieuse du personnel administratif et des enseignants de l'ENS, nous permettant ainsi d'atteindre un nombre de femmes suffisamment significatif.

Les jeunes femmes interrogées agissent dans deux espaces structurant le processus de socialisation des individus : la famille et l'école, et occupent à ce titre une position clé dans la formation des futures générations en Algérie. Par ailleurs, cet échantillon répondait à un certain nombre de critères permettant de prétendre à une bonne représentativité de la population féminine algérienne : représentation géographique, économique et sociale. Les ENS, par leur mode de recrutement, nous ont permis d'obtenir une couverture géographique optimale. L'ENS Constantine recrute dans les 18 wilayas (préfectures) de l'Est, l'ENS Bouzareah (Alger) recrute pour sa part dans les 38 autres wilayas du Centre et de l'Ouest ; quant à l'ENSET (Ecole Normale Supérieure de l'Enseignement Technique) située à Oran, elle prend en charge les filières techniques. En outre, cela a permis d'obtenir un échantillon représentatif du revenu moyen des Algériens. 71% des femmes interrogées sont issues de catégories sociales populaires, soit un revenu familial inférieur à 250 euros[127] par mois, sachant que le salaire moyen (individuel et non pas familial) en Algérie est de 120 euros par mois.

---

[127] 100 dinars équivalent à un euro.

3.2. Le questionnaire

Nous avons constitué un questionnaire composé de 39 questions, structurées en trois parties :

1. Des questions visant à établir la nomenclature socio-économique des personnes interrogées, leur mobilité et les équipements dont elles disposent.

2. Des questions visant à déterminer les chaînes et les programmes regardés par notre échantillon d'individus.

3. Des questions visant à déterminer l'influence des émissions de télévision dans les comportements des femmes. Nous nous demandions notamment si les émissions religieuses constituaient une source de guidance[128].

3.3. Mise à l'épreuve du questionnaire

Les questionnaires ont été distribués dans les bibliothèques, les salles de lecture et les salles de classe. Bibliothèques et salles de cours présentaient l'avantage de réunir un grand nombre d'étudiantes de différentes disciplines. Afin de maximiser le nombre de réponses et pour réduire la marge d'erreur, la distribution des questionnaires s'est accompagnée d'explications orales. A chaque fois nous étions présents pour répondre aux éventuelles questions. En nous accompagnant de deux chercheurs français, nous avons pu confronter nos propres représentations (nous sommes de nationalité française et algérienne) aux leurs. En effet, en tant qu'Algérienne, certaines données peuvent « passer à la trappe » de l'évidence. Inversement, l'étonnement, voire l'incompréhension d'un autre regard permet d'enrichir notre (re)présentation[129] des réalités locales. Tout chercheur doit tenir compte des réalités de la société dans laquelle il enquête. Au cours de l'enquête, nous avons dû tenir compte de la « pudeur » des femmes algériennes et de ce que Nassima Benmahmoud, membre d'une association féminine à Constantine, qualifie de processus de socialisation conditionnant les femmes à ne pas faire part de leur avis. Cela les amène à la négation et à l'effacement de soi, et leur impose de redoutables limites à se concevoir

---

128 M. FOUCAULT, « *Guider les hommes diriger leurs conduites* », *Naissance de la biopolitique : Cours au collège de France (1977-1978)*, Paris, Seuil, 2004, p. 3.

129 Au sens de Louis Marin, c'est-à-dire de « perspective ». L. MARIN, *De la représentation*, Paris, Seuil, 2001.

comme sujet. Par ailleurs nous avons pu observer la nette séparation entre hommes et femmes qui, pourtant non imposée, est la règle implicite.

Conclusion

La méthode quantitative présente plusieurs avantages. Elle nous a permis d'accomplir un travail d'observation décisif pour la compréhension de la réalité locale. Couvrir les trois régions d'Algérie fut un moyen efficace pour quantifier les différences régionales. Par ailleurs, le questionnaire quantitatif a permis de vérifier et de mesurer scientifiquement l'importance du phénomène des émissions religieuses en Algérie. Les résultats de l'enquête désignent la chaîne religieuse *Iqr'a* comme la plus regardée par les futures enseignantes, avec plus de 40% des suffrages. L'émission d'Amer Khaled (le plus populaire des prédicateurs religieux), est citée par 54% des femmes comme source de conseils pour la conduite de la vie quotidienne. La déstructuration des solidarité familiales, le passage d'un mode de vie rural à un mode de vie urbain, la fracture sociolinguistique, le processus d'acculturation (colonial et du régime de parti unique) en Algérie favorisent le recours à des sources de « guidances exogènes » et propulsent les chaînes religieuses au rang « d'autorité légitime » au sens de Weber.

En définitive, mesurer le poids des chaînes transnationales françaises, orientales et algériennes auprès de cet échantillon stratégique aura permis d'évaluer quels acteurs médiatiques sont en train de gagner la bataille du sens en Algérie[130].

---

130 Pour illustrer la bataille médiatique : Les chaînes du Golfe segmentent leurs offres avec la création de *LBC Maghreb, MBC Maghreb* et *Dubaï Maghreb. Al-Jazira* s'est dotée d'un journal à destination du Maghreb en novembre 2006 et ART, groupe saoudien, vient de supplanter l'opérateur français TPS (juin 2006 à la veille de la coupe du monde). Les Etats-Unis initient des groupes de réflexion sur l'espace médiatique maghrébin tels que la « *think tank* » CSIS (*Center for Strategic and International Studies*) qui a mis en place depuis novembre 2005 *« une stratégie pour une intervention constructive au Maghreb, notamment dans le secteur des médias »*. (Center for strategic and international studies, Maghreb Roundtable, Washington DC, juin 2006, <http://www.csis.org/mideast/maghreb/>). La France a lancé France 24 qui diffuse en français, en arabe et en anglais et Medi 1 Sat, aux capitaux franco-marocains.

Sociologue *embedded.* Propos pour une approche ethnographique du travail journalistique.

Nicolas Hubé

« J'espère que vous avez maintenant un regard pas trop critique sur ce qu'on fait... vous voyez bien qu'on fait notre maximum avec les moyens minimaux qu'on nous donne. [Après un temps d'arrêt] Mais c'est aussi votre travail de nous montrer ce qu'on ne voit plus ! »[131].

La « Une » de la presse quotidienne renvoie à une notion *mythique* de la profession journalistique : l'actualité[132]. Pour la comprendre, l'approche *processuelle* et *ethnographique* de l'écriture du titre se révèle heuristique[133] car elle permet de pénétrer la « boîte noire » de l'information : le processus de fabrication de l'actualité. Inscrit dans une *sociologie interactioniste* du travail de production de l'actualité, je m'intéresse à la phase de transformation du fait *déjà là* – c'est-à-dire constitué en informations par le journaliste spécialisé ou les chefs de service – en information de premier plan. Cette démarche n'est pas autre chose que l'observation *en pratique* des règles du champ journalistique et de ses acteurs, tantôt représentants du public, tantôt des concurrents ou des espaces sociaux traités.

---

131 Notes de terrain, *Süddeutsche Zeitung*, discussion avec le responsable du *newsdesk*, 11 avril 2003.

132 Ce texte est issu des réflexions méthodologiques de ma thèse soutenue en novembre 2005 en cotutelle entre l'Université Robert Schuman de Strasbourg et la Freie Universität de Berlin. Un ouvrage, qui en est tiré, est à paraître : *Décrocher la « Une ». Le choix des titres de première page de la presse quotidienne en France et en Allemagne (1945-2005)*, Strasbourg, Presses universitaires de Strasbourg, Collection Sociologie politique européenne, 2007. Une version complète de ce texte est parue : <http://transversale.org/jb1/une/jb1_une.pdf>

133 D'autres travaux ont prouvé les apports d'une telle approche. Par exemple, F. ESSER, « Editorial Structures and Work Principles in British and German Newsrooms », *European Journal of Communication*, vol. 13, 3, 1998, pp. 375-405 ; H. GANS, *Deciding what's news*, New-York, Pantheon Books, 1979 ; C. LEMIEUX, *Mauvaise presse. Une sociologie compréhensive du travail journalistique et de ses critiques*, Paris, Metaillé, 2000 ; J.-G. PADIOLEAU, Le Monde *et le* Washington Post. *Précepteurs et mousquetaires*, Paris, PUF, 1985 ; J. SIRACUSA, *Le JT, machine à décrire. Sociologie du travail des reporters à la télévision*, Bruxelles, INA/De Boeck Université, 2001.

1. L'observation ethnographique comme méthode

1.1. Démonter les non-dits

Le processus du choix de l'information repose sur des rituels quotidiens : les conférences de rédaction et de titre. Il s'agit de saisir comment tous les jours une organisation, entièrement tournée vers la production d'un journal, structure et contrôle les interactions des services. Or comme tout geste institutionnalisé, ce processus de transformation est naturalisé par les acteurs qui considèrent que les informations qu'ils produisent ont une réalité extérieure et coercitive[134]. L'observation permet d'enquêter sur des comportements trop facilement verbalisés où l'on risque de recueillir des discours attendus sur les pratiques[135] de la gestion de l'urgence journalistique. Elle permet de déchiffrer les stratégies de présentation des informations – ou de résistance aux demandes des chefs, les contraintes concurrentielles, les effets d'un agenda politique (des élections ou la crise en Irak), dans le choix au concret des sujets. En d'autres termes, l'observation est un moyen d'analyser le fonctionnement des rédactions à partir du comportement des acteurs, leurs interactions étant inscrites dans une structuration particulière construite par l'histoire propre du journal. De plus, il arrive un moment où tous les agents sont occupés à leurs tâches pour boucler le quotidien à une heure précise, ce qui a pour effet de réduire les éventuelles manifestations d'un contrôle de soi devant l'enquêteur. En d'autres termes, cela permet de voir les actes journalistiques exécutés, comme si je n'étais pas là.

1.2. La réticence à la réflexivité spécifique des journalistes

Or la pratique de l'entretien comme *« objectivation participante »*[136], tout comme la posture rigoureuse de l'entretien ethnographique nécessitant une longue durée d'entretien[137] sont très difficiles à tenir. Plusieurs éléments propres à l'activité journalistique rendent cette

---

134 P. BERGER, T. LUCKMANN, *La construction sociale de la réalité*, Méridiens-Klicksieck, 1992, p. 84.

135 A.-M. ARBORIO, P. FOURNIER, *L'enquête et ses méthodes : l'observation directe*, Paris, Nathan Université, 1999, p. 20.

136 P. BOURDIEU, « Comprendre », *La Misère du Monde*, Paris, Seuil, 1992, pp. 903-925.

137 S. BEAUD, F. WEBER, *Le guide de l'enquête de terrain*, Paris, La découverte, 1998.

pratique difficile. La *temporalité* de l'activité journalistique, d'abord[138]. Elle pousse le chercheur à pratiquer des entretiens courts, dans l'urgence. Il convient aussi parfois de laisser le dictaphone éteint, écouter sans noter un discours qui est autant un indicateur des images mentales, des systèmes symboliques, des rhétoriques de légitimation[139], que des savoir-faire que l'on transmet à un enquêteur, appréhendé comme un stagiaire ou un nouvel-entrant. En me faisant expliquer *comment* on bâtit une page, *comment* tel titre a été choisi, j'invite les enquêtés à mettre en mots leur pratique, sans que cela leur soit *coûteux* en temps et en investissement psychique. Cela permet de *comprendre* en pratique leurs actes. Ensuite, la difficulté, en situation d'entretien, est de gérer la distance entre deux acteurs issus pour la plupart des mêmes filières universitaires (ma formation a été effectuée dans un Institut d'études politiques comme une part non négligeable de mes interlocuteurs) et maîtrisant sensiblement les mêmes savoir-faire (interview enregistrés, questionnement sur le vécu quotidien). Perçu comme interviewer, je suis tenu à ce rôle par les enquêtés eux-mêmes.

Ceci ne signifie pas que les enquêtés refusent l'entretien, au contraire. Mais les acteurs prêts à accepter cette situation marquent, en même temps leur gêne par le recours à des signes visibles de stress ou alors par la mise à distance ironique. Cette gêne est aussi un principe de protection du groupe professionnel. En parlant de leur activité comme étant difficile à « théoriser » – c'est-à-dire ne répondant d'aucun *motif* d'action particulier autre que l'*essence* des informations, les journalistes assurent la *sécurité ontologique* de leur pratique routinière[140]. Produire un discours sur la pratique journalistique revient à produire un discours sur les savoir-faire historiquement construits et naturalisés. Les acteurs le font d'autant plus facilement qu'ils « savent » ce qui est attendu de l'enquêteur et que la « Une » est un enjeu stratégique pour la rédaction. L'enquête ne peut donc qu'être située, placée dans les anecdotes du quotidien vécu par l'enquêteur et l'enquêté. Il convient de *comprendre*

---

[138] Anthony Giddens, dans son ouvrage, rappelle le poids structurant des lieux et des temporalités pour comprendre le cadre des interactions étudiées. A. GIDDENS, *La constitution de la société*, Paris, PUF, 1987, pp. 172-173.

[139] J.-G. LEGAVRE, « La "neutralité" dans l'entretien de recherche », *Politix*, 35, 1996, pp. 207-225

[140] Par « sécurité ontologique », il faut comprendre : « La confiance que les mondes naturel et social sont tels qu'ils paraissent être ». A. GIDDENS, *La constitution de la société*, *La constitution de la société*, Paris, PUF, 1987, pp. 443.

ensemble « ce qui s'est passé à l'instant » et non « pourquoi ça se passe comme cela ». Seule l'observation permet de saisir ce *pourquoi*, renvoyant à des interactions sociales qui se donnent aisément à voir par leur ritualisation.

2. La recherche au concret

2.1. Comprendre les lieux de l'observation

Dans la démarche ethnographique, il est important de noter les lieux auxquels le chercheur a accès ou non. Ils permettent de revenir sur la *contextualité* des lieux d'interactions afin de mieux comprendre ces derniers[141]. Les lieux *interdits* traduisent un démarquage de l'espace social entre ce qui relève de l'activité journalistique classique (produire et programmer un journal) et ce qui relève de l'activité de l'entreprise. Les refus correspondent à des situations où seuls certains membres choisis du groupe peuvent y assister pour parler des décisions de stratégies entrepreneuriales. Ainsi j'ai seulement essuyé trois refus (au *Monde*, à la *Tageszeitung* et à *Die Welt*) quand j'ai demandé l'autorisation de me rendre à la réunion de chefs de services. Le chercheur – comme observateur – est circonscrit dans les lieux où le journal se donne à voir comme *communauté éditoriale*, en charge d'un produit collectif. Son statut de stagiaire est la raison de cette mise à distance des lieux du pouvoir éditorial. Ces frontières institutionnalisées sont aussi le fruit de l'histoire des journaux, qui n'accordent pas toujours dans le temps la même importance aux espaces.

A 20 ans d'écart, on peut noter une différence entre les enquêtes menées au *Monde* par J-G. Padioleau[142] et la mienne, observant tous les deux la rédaction en période électorale. Jusqu'au début des années 80, la rédaction du journal se veut un *organe collectif autonome,* chargé de la ligne éditoriale du journal. Le comité de rédaction regroupe tous les journalistes actionnaires, et définit la politique éditoriale, notamment, par la nomination du directeur de rédaction. La programmation quotidienne du journal est ensuite effectuée de manière autonome dans les services, et rediscutée entre chefs de service lors de la conférence du matin. J.-G. Padioleau témoigne dans son livre de son regret de ne pas avoir été

---

[141] A. GIDDENS, *La constitution de la société*, Paris, PUF, 1987, p. 172.

[142] J.-G. PADIOLEAU, Le Monde *et le* Washington Post. *Précepteurs et mousquetaires*, Paris, PUF, 1985.

accepté dans ce lieu des décisions stratégiques quotidiennes, mais se félicite de sa facilité à observer les réunions du comité[143]. A l'inverse depuis la réorganisation de 1995, les conférences de rédaction du *Monde* sont ouvertes à tous les journalistes qui voudraient s'intéresser à la production générale, et aux visiteurs extérieurs. Il n'y avait donc pas de raisons pour que je ne puisse participer à ces réunions, puisque le journal y est programmé et s'y donne à voir. En revanche, je me suis vu refuser l'entrée de la réunion mensuelle du comité de rédaction (portant sur le traitement de la campagne électorale par *Le Monde*) au motif que c'est une réunion d'actionnaires et qu'elle concerne la ligne stratégique du journal. Cet exemple montre que le lieu de production est étroitement lié à la définition socialement construite de ce qui relève de l'arbitrage stratégique et/ou arbitraire (donc *inmontrable*) et ce qui témoigne de la production routinière (donc de l'identité collective d'un organe de presse). Cet exemple renvoie à une consigne classique faite au jeune ethnologue : la nécessité de bien gérer son statut d'observateur[144].

2.2. Bien gérer son statut d'observateur

Avant de pouvoir passer à l'observation proprement dite, je dois passer par deux figures imposées : le motif de ma présence et la manière dont j'ai pu pénétrer dans ce lieu. Raison pratique (ai-je un lien avec quelqu'un de la rédaction ?) et raison professionnelle (stagiaire d'une école de journalisme ?). La justification par la thèse – plus encore par l'université – est suffisante pour répondre aux deux questions à la fois, mais elle n'entraîne nullement une *typification* aboutie du statut et des échanges entre un *chercheur* et des enquêtés qui permettrait d'abaisser considérablement la tension dans les rapports sociaux en les *routinisant*[145].

Ici, l'enquêteur est constamment amené à jongler avec son identité mise en scène et en *situation*. Je suis tantôt chercheur, tantôt stagiaire. Par exemple, le fait de poser des questions n'est pas non plus gênant, puisque cela renvoie au rôle habituel du stagiaire qui « apprend ». En endossant plusieurs rôles, en jouant des différentes situations, en écoutant plusieurs formes de discours, je suis amené à effectuer un *bricolage* permanent pour

---

143 *Ibid.*, p. 215, note 5.

144 H. S. BECKER, *Les ficelles du métier*, Paris, La Découverte, Collection Guides Repères, 2002, pp. 334-335.

145 P. BERGER, T. LUCKMANN, *La construction sociale de la réalité*, Méridiens-Klicksieck, 1992, p. 82.

produire ou réduire la distance qui me sépare des agents que j'observe et j'interroge.

2.3. Trouver la personne-ressource

Il est important pour l'observation de rapidement trouver la personne-ressource. Elle effectue le travail de présentation et d'introduction auprès des autres personnes. Cette personne est d'autant plus importante que j'observe les lieux de décisions et de programmation du journal, c'est-à-dire ceux de l'expression du *pouvoir*. Cette personne est souvent un chef de service ou un de ses adjoints. Elle peut être aussi un secrétaire de rédaction. Il s'agit toujours de la personne avec qui j'effectue un premier entretien, au cours duquel nous évoquons les endroits et les moments importants de la fabrication du journal. En posant la question du *comment on fait* pour qu'un sujet passe en conférence de rédaction, et/ou en ayant expliqué que je suis là pour observer *comment* le journal se construit, l'interlocuteur se propose, bien souvent, de m'accompagner à la conférence. Il va me montrer les lieux, faire avec moi le tour des services et me présenter aux autres. Il est alors important de lui avoir donné des mots-clés sur mon sujet : un travail universitaire, Strasbourg/Berlin, la « Une ». Plus encore, il me permet d'entrer dans les conférences de rédaction ou de service, comme « son » stagiaire, sous sa tutelle. Il définit, pour les autres, le cadre de mon travail.

3. Jouer des assignations du chercheur en sciences sociales

3.1. Se positionner dans l'espace de la recherche

Parallèlement à cette nécessité de jouer avec son rôle, il faut s'attarder sur les « assignations » dont je suis porteur. Comme chercheur, c'est avant tout un positionnement par rapport aux travaux antérieurs sur le journalisme. Il ressort comparativement que je dois me situer par rapport aux traditions académiques dominantes dans les deux pays : en France, la sociologie des médias et, en Allemagne, l'analyse quantitative des journaux. Dans le premier cas, je suis constamment obligé de me positionner par rapport au livre critique de Pierre Bourdieu[146]. Dans ce jeu de positionnement symbolique, le livre de Cyril Lemieux, *Mauvaise*

---

146 P. BOURDIEU, *Sur la télévision*, Paris, Liber-Raison d'agir, 1996.

Presse, à la réception positive fonctionne comme un « laisser-passer »[147]. Dans le cas allemand, l'exercice est plus aisé : ma présence physique fonctionne en soi comme signe de mon approche qualitative et témoigne que je ne *« théorise pas des choses qui sortent du ventre ! »*[148]. Plus généralement, la démarche ethnographique fonctionne comme une preuve rassurante sur mes objectifs compréhensifs.

3.2. Distance au rôle

Du fait de la confusion existante entre les deux statuts (stagiaire et chercheur), certains acteurs peuvent avoir du mal à juger le travail du sociologue en train de se faire. Il peuvent avoir le sentiment d'être surveillés. Mais l'attitude du stagiaire consciencieux et notant tout permet de le renverser progressivement. Dès lors un jeu autour des notes peut alors se mettre en place. Je deviens un *secrétaire* de séance. Pendant les réunions, certains prennent un plaisir curieux à observer mon carnet et mes plans de table, compléter mon dessin quand une nouvelle personne arrive, me prêter un stylo quand le mien est vide. Tout se passe comme si, en leur permettant de regarder mon carnet, je leur rendais la pareille de la relative liberté d'observation qui m'était accordée. Cela ne signifie pas pour autant que je sois totalement oublié. Par exemple, les deux directeurs adjoints de la rédaction du *Monde* ayant appris que je me rendais à *Libération* annoncent au terme de la conférence que la « Une » ne sera pas discutée[149].

Pris dans le contexte de l'actualité, je peux aussi jouer avec mon rôle et marquer moi-même une distance ironique avec la tâche que j'accomplis. Pendant mes observations allemandes au courant des mois de mars et d'avril 2003, parler « de sociologue *embedded* » en pleine crise irakienne était une manière humoristique de *dédramatiser* la situation et de signifier les intentions de ma démarche.

Conclusion

Vouloir mener une analyse du seul titre de « Une » peut paraître, *a priori*, incompatible avec une démarche sociologique, de surcroît

---

147 C. LEMIEUX, *Mauvaise presse. Une sociologie compréhensive du travail journalistique et de ses critiques*, Paris, Metaillé, 2000.

148 Notes de terrain, *Frankfurter Allgemeine Zeitung*, remarque du chef du service « politique », 31 mars 2003.

149 Notes de terrain, *Le Monde*, 22 juin 2000.

ethnographique de l'analyse de la presse. Cette méthode est, pourtant, un des axes principaux de ma recherche car elle permet de passer d'une analyse *statique* de contenu à une vision *contextualisée* de la production de ce dernier. Elle permet aussi de saisir les rationalisations produites par la profession, en m'attardant sur la notion mythique « d'actualité ». En tentant ce retour réflexif sur la méthode utilisée, j'ai essayé de poser les jalons de ce qui pourrait être un regard sociologique compréhensif sur le travail journalistique.

Chapitre 5

Croiser des méthodes, des terrains et des disciplines

L'interdisciplinarité est au cœur des Sciences de l'Information et de la Communication et fait l'objet d'un questionnement permanent dans les communications des jeunes chercheurs. C'est ainsi que trois doctorants de l'université de Lille 3, Nathalie Casemajor Loustau, Romain Huët et Sandy Montanola, se livrent à une réflexion commune sur l'ancrage de leur projet de recherche respectif dans le champ des SIC.

Au croisement des disciplines fait écho le croisement des terrains et des méthodes. Jacques Le Bohec, Professeur à l'université Lyon 2, alerte les apprentis chercheurs sur les dangers de se limiter à une technique d'analyse particulière. Quant à Aude Rouger, doctorante à l'université Paris 3-Sorbonne Nouvelle, elle prolonge la réflexion entamée par Jacques Le Bohec en questionnant l'analyse comparative et la mise en parallèle de différentes méthodes à partir de l'étude de la presse quotidienne régionale.

Construire une posture communicationnelle en situation de thèse

Nathalie Casemajor Loustau, Romain Huët, Sandy Montanola

Dans cette communication, nous interrogeons les modalités de construction d'une posture communicationnelle dans le cadre d'une thèse en SIC. Nous voulons ici rendre compte d'une expérience collective : l'organisation d'un séminaire de recherche au sein de l'université Lille III dont nous avons approfondi le questionnement. Le point de départ de notre réflexion consiste à identifier ce qui fait la spécificité de l'inscription en SIC dans nos trois sujets de thèse. Si, à première vue, leur comparaison peut paraître déroutante dans la mesure où nos objets d'études concernent des champs et des perspectives théoriques différents[150], cette confrontation nous a permis de mettre à jour des points de convergence, concernant essentiellement la trajectoire de recherche et son questionnement. Nous procéderons en trois temps : nous insisterons sur la nécessité de construire notre objet concret en objet scientifique, nous préciserons ce que les SIC nous permettent de développer spécifiquement et enfin, nous montrerons comment l'interdisciplinarité peut se pratiquer concrètement dans notre dispositif méthodologique. En filigrane, cette communication est une invitation à une réflexion plus large sur le statut épistémologique des SIC : quelle est

---

150 Nos thèses concernent trois domaines différents ; l'une est centrée sur la diffusion du patrimoine photographique et les nouveaux médias (N. Casemajor Loustau). L'autre concerne les représentations médiatiques de sportives de haut niveau dans la presse écrite et télévisuelle française (S. Montanola). Enfin, la dernière s'interroge sur la prolifération de normes sociales (chartes éthiques, codes de conduite, etc.) au sein des entreprises (R. Huët). Pour plus de précisions sur nos travaux, voir R. HUET, « Communication et régulation sociale », *Les enjeux de l'information et de la communication*, Grenoble, <http://w3.u-grenoble3.fr/les_enjeux/2006>, novembre 2006, pp. 1-10. et R. HUET, « La construction d'une approche communication entre les organisations. Une analyse des écrits de la négociation », *Communication et Organisation* n°31, Bordeaux, à paraître ; N. CASEMAJOR-LOUSTAU, « Patrimoine photographique et imaginaires de la transmission numérique », *Médium* n°13, à paraître ; S. MONTANOLA, « Reconfigurations des rapports sociaux de sexe : la médiatisation du corps sportif », *Le corps communicant, le XXIe siècle civilisation du corps ?* F. MARTIN-JUCHAT et B. GALINON-MELENEC (Dir.). Paris, L'Harmattan, à paraître et S. MONTANOLA, « Représentation et stéréotypes dans l'image médiatique des boxeuses de haut niveau » *Stéréotypage, stéréotypes : fonctionnements ordinaires et mises en scène*, tome 1 : Médiatisation(s). Colloque international, 21-23 juin 2006, université Paul-Valéry Montpellier 3, 2006.

la particularité du regard communicationnel ? Quel est le statut des connaissances produites par les SIC ?

1. La construction d'une posture communicationnelle : retour sur nos trajectoires de recherche

La thèse suppose la construction d'une posture selon des règles scientifiques précises ; le doctorant conçoit une manière d'étudier son objet par le choix d'une approche théorique et d'un dispositif méthodologique. Cette étape nous parait particulièrement importante dans les SIC qui ne traitent pas d'objets scientifiques pré-construits[151]. Et si cette absence de protocoles formalisés offre à la fois une liberté et invite à innover dans la manière d'analyser nos objets, elle est également source de désorientation. C'est pour remédier à cette « désorientation » que nous « bricolons » un dispositif épistémologique adapté à nos besoins. Pour rendre compte de cette étape, nous référons à la perspective ouverte par Jean Davallon[152] qui la décrit comme le passage de « *l'objet concret* » – qui appartient au champ de l'observation – à *l'objet de recherche* – comme phénomène construit par le chercheur pour l'analyser-. C'est donc ce passage de « l'objet concret » à « l'objet de recherche » que nous allons tenter de faire partager à partir de nos trois exemples de thèses.

La thèse de S. Montanola étudie la médiatisation du sport féminin de haut niveau dans une perspective socio-discursive. A partir de corpus journalistiques constitués autour d'événements sportifs, l'analyse porte sur les représentations projetées au travers des dispositifs de mise en page et d'écriture avec pour hypothèse que la mise en discours du sport féminin est régulée par des imaginaires socio-discursifs liés au « genre ». Les discours médiatiques sont alors considérés comme étant historiquement, géographiquement et socialement situés, avec pour postulat que : « *Si l'on accepte de prendre le discours pour objet, c'est bien le réel que*

[151] J. DAVALLON, Y. JEANNERET, « La posture épistémologique, un geste pratique », *Actes du XVème congrès des Sciences de l'Information et de la Communication*, Bordeaux, 10-12 mai 2006, p. 203.

[152] J. DAVALLON, « Objet concret, objet scientifique, objet de recherche », *Revue Hermès*, n°38, Paris, 2004, pp. 32-33.

l'on trouve en fin de parcours, puisque les discours sont une matière constitutive du réel »[153].

La thèse de Nathalie Casemajor Loustau interroge les modalités de valorisation du patrimoine photographique sur Internet. L'objet de recherche a été circonscrit aux fonds patrimoniaux et un ensemble de musées, de bibliothèques et d'archives a été retenu comme terrain d'enquête. La construction de l'objet de recherche est passée par sa déconstruction en différentes dimensions : la nature photographique des fonds étudiés, leur valeur patrimoniale, leur transfert sur support numérique et leur mise en circulation sur le réseau Internet. L'hypothèse développée est la suivante : patrimonialisation et valorisation s'inscrivent dans une logique dynamique, et les nouvelles conditions de mise en valeur contribuent à relancer un cycle de patrimonialisation des objets photographiques. La perspective d'analyse choisie met l'accent sur le rôle structurant des représentations sociales dans les pratiques de valorisation.

La thèse de Romain Huët porte sur les chartes d'entreprise. Il propose de clarifier l'objet en identifiant un cadre opératoire pour rendre cet objet intelligible. Il étudie particulièrement une charte sur les discriminations produite par un collectif d'entrepreneurs. Il n'étudie pas le contenu du document, mais examine ses modalités de production, de construction. Il défend une thèse qui consiste à envisager la production des chartes comme des moments de travail, lesquels donnent lieu à des occasions de relation et de prises de paroles des acteurs (la charte va être médiatisée, et constitue donc une modalité de prise de parole « publique » sur la question des discriminations). Ainsi, la production d'une charte est, à la fois, la source et le résultat des rapports sociaux, des temps de discussion entre les acteurs pour s'entendre sur les engagements à tenir. Ces derniers ont la particularité d'être discutés en dehors des médiations traditionnelles des relations socioprofessionnelles (négociation collective). De ce fait, il s'agit d'interroger le lien entre chartes, acteurs et le thème de la négociation sociale.

La présentation de nos sujets illustre la diversité des objets de recherche existant en SIC et montre comment une interrogation de « sens commun » a progressivement été problématisée selon des

---

153 A. KRIEG-PLANQUE « "Formules" et "lieux discursifs" : propositions pour l'analyse du discours politique », *Semen, Revue de sémio-linguistique des textes et des discours* n°21, Avril 2006, Besançon, Presses Universitaires de Franche-Comté, pp. 33-34.

orientations théoriques. Ainsi, les SIC invitent à penser différents domaines de connaissance à partir du prisme spécifique de la communication : nos trois sujets ont en effet en commun de lier la dimension communicationnelle à d'autres dimensions, qu'elles soient sociales, économiques ou encore techniques afin de repérer la place spécifique de la communication.

2. La matérialité de l'objet comme accès aux dynamiques sociales dans les processus de communication

Nous travaillons sur des artefacts matérialisés : la collection photographique, la charte ou le journal. L'analyse du sens passe par une exploration de la réalité de ces artefacts. Cela dit, nous pensons que ces objets n'ont de sens que lorsqu'ils sont mis en relation avec leur contexte et avec des cadres interprétatifs généraux. Nous ne nous intéressons donc pas aux objets techniques à proprement parler mais à ce qu'ils peuvent nous apprendre sur les processus de communication à l'œuvre. C'est la raison pour laquelle nos trois thèses interrogent les conditions de production des objets ou des discours ainsi que leurs effets sociaux.

Dans la thèse de S. Montanola, c'est par l'observation de l'objet concret (le produit fini de l'activité journalistique) que l'on accède aux discours sociaux dans lesquels les journalistes s'insèrent, volontairement ou à leur insu. L'analyse socio-discursive se fait donc à partir de l'objet « journal » tel qu'il est produit. Ainsi, la médiatisation d'une femme boxeuse dans la rubrique « sport » ou dans la rubrique « société » n'aura pas la même signification : derrière l'objet, nous voyons apparaître les discours. La mise en page est alors une mise en sens et propose, dans sa construction même, un premier cadrage pour la lecture.

Pour R. Huët, cela va consister à reconnaître que la charte a une réalité matérielle qui n'est pas occultée dans l'analyse. Seulement, il défend l'idée selon laquelle l'analyse de l'objet charte ne peut pas faire l'économie d'une réflexion sur ses conditions sociales de production. La charte a d'abord du sens parce que c'est un construit relativement inédit. Dès lors, il s'agit de comprendre ce qui s'est passé dans la production d'une charte à partir de la reconstitution de sa genèse. C'est une invitation à passer du texte à l'action : derrière une charte, il y a des acteurs (énonciateurs, lecteurs, témoins, etc.), des interactions, des inscriptions sociales et institutionnelles. Il ne s'agit pas de nier la réalité autonome du texte, mais d'envisager son sens dans les pratiques de communication qui l'accompagnent.

Dans le cas de la numérisation des collections photographiques, N. Casemajor postule que le statut des objets est modifié par le transfert de support. Le changement le plus significatif s'opère du point de vue de la circulation et de la diffusion de ces images, de leur insertion dans des médias électroniques. La production et la diffusion des contenus culturels numériques fait intervenir une série de médiations techniques et sociales, inscrites dans des processus de communication. Dans une perspective communicationnelle, l'analyse de ces médiations peut difficilement faire l'économie d'une analyse des discours sociaux qui construisent les représentations de la technique.

Ces exemples indiquent une manière particulière de concevoir la communication. En premier lieu, nous avons en commun de considérer les pratiques de communication comme un fait social digne d'intérêt. En second lieu, nous nous détachons de certaines conceptions simplificatrices qui réduisent la communication à des techniques visant à l'amélioration de la performance. L'idée est plutôt de voir comment rendre compte des rapports sociaux, qui comme l'explique Dominique Wolton se jouent dans toutes les pratiques de communication. Nous voulons donc insister sur le fait que la communication est un phénomène complexe, qui nous amène, par exemple à articuler des dimensions individuelles à des logiques collectives.

Dans la recherche de S. Montanola, qui s'appuie sur le postulat d'un discours social co-construit, la notion de communication sociale peut alors être mobilisée pour lier les niveaux individuel et collectif du langage. Dans certains cas, les acteurs n'ont pas conscience du discours social dans lequel ils s'inscrivent. Au travers de corpus journalistiques, elle repère les discours sociaux médiatisés qui mettent en scène les femmes sportives. Ces derniers ne sont donc pas individuels, liés au seul fait des journalistes, mais bien collectifs, liés à des schémas culturels.

R. Huët invite à penser la charte comme un acte social non ordinaire, lequel accompagne une transformation des termes du discours, des concepts, et des notions attachés au problème soulevé par la charte. Il propose trois niveaux d'explication : le premier consiste à décrire comment des situations d'interactions vont donner lieu à un écrit, lequel renvoie à un processus (jeu social complexe). Le second est politique ; il s'agit d'identifier comment la charte participe à alimenter le débat public sur le thème des discriminations, selon une grille de lecture spécifique au collectif moteur de son élaboration (la charte est alors conçue comme une modalité de prise de parole publique). Enfin, un dernier niveau est plus macro : comment l'émergence des chartes est-elle susceptible de révéler des transformations en cours dans le champ des relations sociales ? On voit qu'elle se présente comme un cadre de référence dont l'ambition est de transcender tous les autres espaces de médiation, notamment les médiations traditionnelles.

N. Casemajor replace les formes de valorisation des collections culturelles sur Internet dans le contexte plus large de la construction et de la circulation des représentations sociales. Il s'agit d'identifier comment, dans les discours des institutions patrimoniales et les discours de politique culturelle, sont mobilisés des représentations, des imaginaires, des idéologies, qui structurent et légitiment les pratiques de valorisation du patrimoine photographique.

Au prolongement des analyses de Bernard Miège nos trois sujets témoignent de la nécessité d'articuler des problèmes de sciences sociales (sociologie, sciences politiques, voire les sciences économiques) avec des approches inspirées des sciences du langage et des discours. Le but recherché est de relier l'évolution des pratiques sociales et la production du sens. On a là, sans aucun doute, une spécificité des SIC : *« ce que les SIC ont de propre, c'est donc de pouvoir appliquer des méthodologies inter-sciences à des problématiques transversales permettant d'appréhender l'information et la communication non de façon globale (comme prétendent le faire un certain nombre de théories générales), mais ces manifestations marquantes »*[154].

3. Méthodologie : une mise en œuvre concrète de l'interdisciplinarité

Dans l'étape de construction qui consiste à traiter l'objet concret en objet de recherche, nous avons besoin d'un cadre pour mettre en place des procédures d'analyse. Le dispositif méthodologique est un des éléments qui façonnent la démarche de recherche. Ce qui nous intéresse plus précisément ici c'est la pratique concrète et quotidienne de l'interdisciplinarité. Dans notre cas, les emprunts disciplinaires ne sont

---

154 B. MIEGE, *L'Information-Communication, objet de connaissance ?*, Bruxelles, De Boeck Université, 2004, p. 228.

pas perçus comme une possibilité de « tout étudier » dans notre objet d'étude, mais d'aborder différents domaines de connaissances à partir du prisme particulier de la communication. Pour ce faire, nous sommes tous les trois amenés à emprunter à d'autres collectifs scientifiques.

Dans la thèse de S. Montanola, des emprunts sont faits aux études des médias (en histoire, en sociologie, ou encore en SIC) et à l'analyse de discours (le discours médiatique considéré comme socialement situé fait alors l'objet d'une contextualisation et distingue le travail des analyses linguistiques). Des emprunts sont également faits à la sociologie, pour permettre de progresser dans la prise en compte des identités genrées. Au fur et à mesure de l'avancée des analyses du corpus, des pistes de réflexion nécessitent la mise en place d'outils de recherche capables de produire de nouvelles intelligibilités au sein d'une approche qui se veut communicationnelle. Dans ce cas, les passages se négocient par des adaptations à la problématique spécifique du genre ou à l'objet particulier que représente le discours médiatique.

R. Huët croise lui aussi différents types de méthodes. Son objectif est de décrire des opérations relatives à la construction d'une charte. Il s'agit de rendre compte de dynamiques alors que celles-ci sont éclatées, disparates et hétérogènes. Pour élaborer cette reconstitution, il réunit un corpus de documents produits au cours de l'action. Ce sont des traces des activités passées (version antérieures, argumentaires, brouillons, etc.). L'idée est de décrire le processus de production de la charte en dehors de ce qu'en disent ses participants. Mais en ne travaillant que sur ce type de corpus, on laisse de côté ce qui n'a pas été écrit, et de manière générale, la dimension subjective et intersubjective de l'action. Les entretiens lui ont alors permis d'accéder aux principes de justification et au sens que donnent les acteurs à leurs propres actions. Au final, ces deux types de méthodes ont en commun de mettre en relation ces dynamiques de production et d'explorer leur signification.

Dans sa thèse N. Casemajor Loustau mobilise plusieurs corpus de données pour étudier les modalités de valorisation du patrimoine photographique sur Internet. Les pages Internet publiées sur les sites des institutions patrimoniales sont une première source d'information. Elles sont traitées sous l'angle de l'analyse de discours (comment les institutions développent-elles un discours d'auto-représentation et de légitimation de leurs pratiques ?), de la sémio-pragmatique (comment l'information est-elle organisée, rendue accessible, comment se construit la relation à l'internaute ?) et de la socio-économie (quels modèles économiques de diffusion des contenus sont mobilisés dans la création de ces sites Internet ?). Un second ensemble de données est récolté sous forme d'entretiens (analysés selon le modèle de l'enquête sociologique) et enfin un ensemble de rapports officiels et de programmes gouvernementaux donne lieu à une analyse de discours. Le dispositif méthodologique mis en place convoque donc plusieurs approches (sociologie, sémio-pragmatique, socio-économie) en les adaptant à l'analyse des processus communicationnels.

En réalité, nous « bricolons » tous les trois une méthodologie pour faire converger plusieurs angles d'analyse. On a souvent parlé de « bricolage », terme qui ne doit pas être lu dans un sens péjoratif, mais qui permet de décrire une pratique indispensable dans le travail de recherche. Bricoler désigne une activité intellectuelle où l'on combine sans plan préalable rigoureux divers éléments théoriques et méthodologiques pour faire émerger un cadre d'analyse général et adapté à nos objets. Mais le bricolage pose inévitablement la question de la rigueur méthodologique qui semble être une question importante pour notre discipline : comment se situer entre l'application d'exigences méthodologiques rigoureuses et la nécessité d'un modèle suffisamment souple pour s'adapter à nos cheminements de recherche particuliers ? Un premier élément de réponse pourrait consister à définir la méthodologie en termes de principes plutôt qu'en termes de normes ou de règles.

Par exemple, l'étude de nos dispositifs montre notre intérêt pour une approche plutôt pragmatique : il ne s'agit pas d'entrer dans le débat stérile entre empirisme et théorie (ces deux pôles de l'analyse se nourrissent l'un et l'autre) mais plutôt de dire que nous nous n'envisageons pas nos terrains seulement à travers une grille de lecture préconstruite. Nous sommes attentifs à ce que les données empiriques viennent alimenter et transformer le cadre de l'analyse. Nos travaux ont en commun de rechercher l'équilibre entre deux points de tension : le fait de se laisser surprendre par son terrain en conservant une marge d'incertitude et le recours nécessaire à des approches systématiques et englobantes. Le questionnement central reste le suivant : comment rendre compte d'une expérience de terrain, et en quoi cette expérience permet-elle au doctorant de discuter certains principes théoriques ? La difficulté étant de rendre compte de cette expérience de terrain en faisant un effort de mise en perspective critique et de réappropriation des éléments théoriques et méthodologiques puisés dans la communauté scientifique.

Conclusion

Cet échange a eu pour objectif d'identifier des « semi-réponses », parfois hésitantes, à des questions qui se posent aux doctorants. Nous avons cherché à identifier les conditions d'un dialogue entre nos trois travaux autour de leur spécificité communicationnelle. Les points communs que nous avons repérés portent à la fois sur notre rapport au terrain, sur l'analyse croisée des artefacts matérialisés et des logiques sociales, et sur la manière de comprendre la communication comme processus social signifiant[155]. Malgré la diversité de nos trois objets de recherche, nous avons pu montrer comment nous avons problématisé une interrogation de « sens commun » à partir du prisme spécifique de la communication. Chacun de nous s'efforce de lier la dimension communicationnelle à d'autres dimensions afin de repérer la place spécifique de cette dernière. Nous considérons donc les pratiques de communication comme un phénomène complexe, qui exige d'articuler les problèmes communs aux sciences sociales avec les perspectives des sciences du langage et des discours. Cette conception nous amène à « bricoler » une méthodologie pour cristalliser différents angles d'analyse, sans pour autant prétendre analyser le processus social dans sa totalité ni cerner le phénomène dans sa globalité.

Par ailleurs, ce questionnement que nous proposons doit être mis en relief avec la difficulté qu'ont les SIC de revendiquer une identité disciplinaire. Emile Durkheim[156] rappelle que le caractère disciplinaire se justifie par un champ de compréhension, la capacité à détenir une « valeur absolue », à défendre un champ spécifique et exclusif. Si nous appliquons cette proposition dans le cadre d'une thèse en SIC, cela

---

[155] Au-delà de ces points de convergence, nous reconnaissons la singularité de nos objets de recherche et de nos démarches personnelles. En effet, il est difficile de mettre sur le même pied nos différentes analyses et d'entrer dans la compréhension du champ de recherche de son collègue. Nos trois thèses ne poursuivent pas le même projet, nous le reconnaissons, mais la démarche qui a été la nôtre dans ce travail vise à dépasser la diversité de nos objets et de négocier avec les modes de faire particuliers de chacun.

[156] Cité par P. BOUVIER, « Interdisciplinarité, monodisciplinarité, transdisciplinarité », *Socio-anthropologie* n°14, « Interdisciplinaire », mis en ligne le 15.05.05, <http://socio-anthropologie-revues.org/documents372.html>, pp. 1-13 ; P. BOUVIER, *Le lien social*, Paris, Gallimard, 2005, p. 346.

signifie que les doctorants se focalisent sur un objet particulier et ancrent dans la communication, avec plus ou moins de difficultés, leurs pratiques de recherche. Or la faiblesse de la « valeur absolue » des SIC conduit le chercheur en communication à jouer la transversalité et à tenter de dépasser les frontières disciplinaires. Nous avons pu nous rendre compte combien la pratique de l'interdisciplinarité est nécessaire mais également complexe. Nous défendons donc le point de vue selon lequel l'interdisciplinarité ne se pratique pas naturellement[157]. Le recours aux emprunts à d'autres disciplines requiert un délicat travail d'adaptation à nos problématiques communicationnelles. Cette construction relève du bricolage épistémologique à l'intérieur des normes de validité de la démarche scientifique et du format particulier de la recherche de doctorat.

---

[157] Pour les tenants de cette position, le cloisonnement disciplinaire doit être transcendé car les pratiques observées dans la réalité ne sont pas réductibles aux séparations universitaires et à leurs enjeux institutionnels.

Les risques de méthode liés à la monomanie technique

Jacques Le Bohec

L'idée que j'ai eu envie de transmettre à l'occasion de ces journées d'études à Saint-Denis est des plus modestes. Il s'agit de rappeler un double impératif méthodologique qui ne prendra personne au dépourvu : ne pas se contenter d'une seule technique ; ne pas délimiter son objet en fonction d'une technique particulière. Ces deux écueils peuvent être résumés par le terme de monomanie, d'où l'intitulé de cette contribution. Considérés de façon abstraite, ils feront l'unanimité parmi les chercheurs apprentis ou aguerris. Aussi pourrait-on arrêter ici le propos et s'économiser la lecture de la suite... Pourtant, l'expérience prouve que de tels prolégomènes appellent une explicitation.

1. When the tail wags the dog...

L'évocation du premier écueil vient du constat selon lequel chaque technique utilisée pour rassembler et traiter des matériaux empiriques présente à la fois des défauts et des avantages. Aucune ne peut être érigée en sésame exclusif sous peine de dommages collatéraux irréversibles. Dans ces conditions, il est primordial d'en combiner plusieurs de façon égalitaire (et non comme alibi ou comme étape) : les lacunes de l'une seront compensées par les atouts des autres. L'effet bénéfique n'est cependant pas automatique ; il dépend de la capacité réflexive du chercheur. Cela suppose qu'il se pose des questions sur ce qu'il fait au lieu – naïvement – de « se faire confiance », ce qui laisse grandes ouvertes les vannes de la subjectivité. Se fier à une seule technique peut entraîner d'autres problèmes : oubli d'un pan du réel, fiabilité douteuse des données et administration insuffisante de la preuve. Ainsi, avec des entretiens semi-directifs, les déclarations peuvent répondre à des enjeux expressifs (faire bonne figure) ou institutionnels (ne pas dénigrer son entreprise) avant d'être fidèles à la réalité vécue par le témoin interrogé ; si l'on ne dispose pas d'informations complémentaires, on risque fort de se fourvoyer. De même, il n'est pas rare qu'une réponse cochée dans un questionnaire s'avère en porte-à-faux avec les pratiques et opinions réelles de l'enquêté, même quand les questions sont ouvertes. Et tout chercheur en communication des organisations sait qu'un organigramme officiel ne fournit qu'une vision très approximative des relations entre collègues de travail ; il lui suffit souvent d'observer ce qui se passe dans son département à l'Université pour en mesurer les limites...

Le second écueil est le pendant du premier ; il consiste à construire son objet d'étude, non à partir de la réalité effective connectée à une problématique ancrée dans les travaux antérieurs, mais d'une technique érigée en panacée universelle. Or il n'est pas de technique totalement neutre : chacune contribue à définir l'objet d'étude à sa manière et ce n'est qu'en les articulant que l'on se donne les moyens de ne rien oublier, de faire le tour de l'objet sans le tronquer. Une technique n'est pas une science. Autrement dit, la maîtrise et la mise en œuvre d'une technique ne suffisent pas pour assurer un degré élevé de scientificité des résultats présentés. Il faut donc se méfier dès que l'on aborde les choix techniques en termes d'article de foi (propre à un groupe ou à un créneau académique séparé). Il convient aussi de s'interroger sur l'objet d'étude que fabrique chaque technique : il arrive, non seulement que l'objet soit artéfactuel ou partiel, mais qu'il falsifie involontairement la réalité. On en veut pour preuve le postulat d'homogénéité territoriale des pratiques et des opinions par la technique cartographique, qui laisse penser que voter pour une même marque électorale revêt la même signification (politique) partout. Citons un autre exemple : la station de lecture audiovisuelle de l'INA, si l'on n'y prend garde, tend un piège au chercheur en ce qu'elle invite, grâce au confort matériel offert, à se contenter des contenus archivés ; c'est alors « *the tail which wags the dog* » (la queue qui remue le chien)[158]. Un autre exemple est celui de l'observation participante à visage découvert ; il y a des chercheurs qui ne jurent que par cette technique et qui choisissent leur terrain d'enquête en fonction d'elle. Du coup, ils ne peuvent étudier que les petits groupes qui se réunissent régulièrement dans un même lieu, ce qui est pour le moins handicapant et empiriciste[159]. Dans le cas présent, ce n'est pas le chercheur qui contrôle les inférences théoriques mais la technique utilisée qui lui dicte

---

158 E. DARRAS, « Comment on écrit l'histoire et/ou la sociologie de la télévision », *Cahiers du Comité d'histoire de la télévision*, n° 1, 2003, pp. 35-48.

159 « Mais l'origine de ma décision fut cependant tout autre. Elle était d'ordre méthodologique. Je voulais un cadre où pouvoir enquêter selon la méthode ethnographique, m'amenant à devenir pendant plusieurs années partie prenante d'un milieu au départ étranger. [...] C'est donc de façon non préméditée, et non fondée sur l'idée de résoudre une question d'ordre sociologique, que j'ai décidé de mon objet d'enquête... », D. BIZEUL, *Avec ceux du FN. Un sociologue au Front national*, Paris, La découverte, 2003, pp. 30-31.

et ses investigations et ses conclusions. L'appareillage technique, quand il est sophistiqué, risque aussi de surdéterminer la recherche au lieu d'être à son service, par exemple en phagocytant une partie de l'énergie du chercheur et en favorisant un rapport enchanté alimenté par des performances inouïes qui ne demandent qu'à être exploitées.

2. Foin des questionnements nombrilistes !

Si ce rappel de certains principes de méthode méritait d'être effectué, c'est en raison des réticences et des obstacles qui entravent leur mise en œuvre. Les conditions socio-psychologiques pour une recherche de haut niveau scientifique ne sont en effet pas toujours réunies, en SIC comme dans les autres SHS. Interpréter le premier paragraphe comme un rejet pessimiste ou défaitiste de toute technique ou comme une mise à l'écart de l'une d'entre elles confinerait donc au contresens. Il s'agit au contraire d'une invitation à en mobiliser le plus possible, mais de façon contrôlée et appropriée, en acceptant de tirer les conséquences concrètes. Il serait également erroné de conclure que les deux principes évoqués ici sont les seules exigences dont il faut tenir compte car c'est plutôt d'une pléthore dont il faudrait parler[160]. De même, il serait pour le moins singulier et baroque d'assimiler le rappel des préceptes de méthode à une simple leçon de morale, sauf à renoncer à tout critère objectif d'évaluation, notamment par crainte pusillanime de froisser la susceptibilité de pairs qui n'hésitent pas à fustiger l'ambition scientifique (souvent par crainte d'être dépassés). Faut-il mettre à l'index tous les travaux épistémologiques élaborés depuis des siècles, de Platon à Latour en passant par Bacon, Bachelard et Kuhn, sous prétexte qu'ils peuvent être classés comme discours normatifs ?! Loin de cette démission, il vaut mieux opter pour des constructions d'objet transdisciplinaires qui mobilisent toutes les ressources théoriques, méthodologiques, conceptuelles et techniques à disposition. Pourquoi devrait-on s'en priver alors qu'elles sont susceptibles d'améliorer la pertinence de nos explications ? Ainsi, il est clair qu'on ne peut expliquer la concentration dans les médias en faisant l'impasse sur les dimensions juridique et politique. En guise de modèle, mentionnons l'étude des relations entre J.-

---

160 J. LE BOHEC, « Le travail d'objectivation », *Sciences de l'information et de la communication*, S. OLIVESI (Dir.), Grenoble, PUG, 2007, pp. 259-278.

M. Le Pen et les journalistes que j'ai publiée en deux volumes[161] ; le résultat exige certes de se retrousser les manches, mais pas nécessairement de se lever dès potron-minet…

En filigrane, on comprend que les exigences de qualité scientifique priment ici sur toute autre considération. Cela veut dire qu'il y a un réel danger à trop anticiper les étapes futures d'une carrière professionnelle. Cela peut en effet affecter de façon excessive le contenu du tapuscrit accepté en soutenance. Les dérives sont multiples. Il s'agit d'abord du temps perdu en investissements mondains et collectifs. Certes, un minimum est requis en la matière, mais point trop n'en faut car c'est au final la qualité du travail de recherche et d'écriture qui compte. Par ailleurs, que vaut un tapuscrit dont l'auteur est obnubilé par le souci d'être embauché par les agents sociaux qu'il étudie et/ou qui ont financé sa bourse ? Avant de penser à valoriser les thèses, il faut s'assurer qu'elles satisfassent les exigences scientifiques élémentaires… Ensuite, on peut évoquer le syndrome de la pureté disciplinaire. Force est de constater que certains entrants cherchent d'abord et avant tout à se conformer à un consensus épistémologique qui serait propre à la 71e section du CNU. Le problème, c'est qu'une telle chose n'existe pas, pour plusieurs raisons : caractère hétéroclite des objets étudiés, origine pluridisciplinaire des chercheurs, fréquente autarcie locale assurée par des mandarins, conceptions divergentes sur la nature de l'interdiscipline. Aussi leurs interrogations existentielles d'impétrants focalisés sur l'identité collective et la présumée spécificité des SIC ne trouveront-elles jamais de réponse claire, rassurante et définitive. L'un des effets de cette quête visant à se conformer à un introuvable standard est de délimiter et de légitimer son objet à partir d'une dimension dite « communicationnelle », adjectif forgé à partir d'une racine ô combien polysémique ! L'équation se complique si l'on associe information à communication, vocables dont les dénotations et les connotations sont multiples. On entrevoit l'impasse heuristique. Comment construire son objet de façon pertinente en posant comme préalable une « approche », un « positionnement » ou un « point de vue » particulier ? En procédant ainsi, ne cède-t-on pas à un raisonnement déductiviste et réducteur ? Ne sera-t-on pas tenté de considérer la dimension retenue *a priori* comme surdéterminante par rapport aux autres ?

---

161 J. LE BOHEC, *L'implication des journalistes dans le phénomène Le Pen, volume 1*, Paris, L'Harmattan, 2004, 230 p. ; *Les interactions entre les journalistes et Jean-Marie Le Pen, volume 2*, Paris, L'Harmattan, 2004, 250 p.

3. Les limites de l'analyse interne de contenus

Dans le paragraphe précédent, on a évoqué l'aporie qui consiste à identifier une approche qui serait spécifique aux SIC, par exemple en l'opposant à des approches dites « sociologique » et « historique », par ailleurs artificiellement unifiées, d'où les guillemets. On voit immédiatement l'impasse : cette recherche de pureté interdisciplinaire ne débouche-t-elle pas sur l'exclusion péremptoire des sociologues et des historiens des médias (entre autres) ? En fait, comme tout champ académique, les SIC sont le lieu de luttes symboliques pour imposer comme légitime la façon de voir et de faire qui sied le mieux à ceux qui prennent position dans le débat. Cela relève plus du rapport de forces que de considérations épistémologiques. Une prise de recul est donc salutaire : les analyses internes de contenu ne sont pas plus la quintessence des SIC que d'autres techniques. De surcroît, à l'instar des autres, elles présentent des défauts dont certains sont rédhibitoires et qui grèvent le potentiel heuristique. Il arrive en effet que ces analyses internes ne soient pas combinées avec d'autres techniques, si bien que les défauts en question ne sont pas compensés. Elles se caractérisent par le procédé consistant à séparer hermétiquement les contenus (textuels, sonores et/ou iconiques) des processus de production et de réception. On reconnaît le double coup de force de F. de Saussure (qui distingue langue et parole) et de R. Barthes (qui élimine le sujet écrivant). Cela s'opère par le moyen de la constitution d'un corpus étudié en tant que tel. Ce point commun est patent malgré la variété des appellations : lexicométrie, sémiologie, sémantique, rhétorique, analyse de discours, philologie, narratologie, grammatologie, esthétique, etc. Il provient de la linguistique (ou sciences du langage), où le contenu est abordé à travers ses seules propriétés formelles (syntaxe, lexique, genre, registre). La pragmatique, la génétique des textes et l'ethnolinguistique échappent en grande partie à cette faille. Si certains chercheurs n'arrivent pas à s'en dégager, c'est surtout à cause d'une formation hyper-spécialisée et précoce dans ce domaine. Le choix de leur technique se fait alors par défaut, en fonction de leurs capacités et inclinations personnelles et non à partir d'un fait ou d'un phénomène réel : *« Donnez un marteau à un enfant et vous verrez que tout lui paraîtra mériter un coup de marteau... »*, ironisait A. Kaplan.

Dans ces conditions, la probabilité de n'étudier qu'un artefact (le corpus) est très élevée. Ces chercheurs, qu'ils soient novices ou confirmés, privilégient un rapport scholastique et livresque au monde social. Ils se sont éloignés des objets traditionnels (littérature, théologie, droit, philosophie) pour se diriger vers les médias au sens large. Pour eux, et cela confirme l'hypothèse de structures mentales incorporées lors de leur socialisation scolaire, tout ce qui ressemble à une contextualisation ne présente pas d'intérêt. Ce réflexe inconscient est typique de leur habitus et apparaît rationnel : autant faire comme si le contexte n'existait pas et adopter une posture condescendante lorsque l'on n'est ni préparé ni disposé à l'intégrer dans sa réflexion. L'émergence des sciences humaines et sociales au cours du XXe siècle a entraîné un repli sur soi dommageable pour la fécondation mutuelle des diverses traditions, la prise en compte des sciences sociales se réduisant à une intention affichée (déclaration liminaire) ou à un gage positiviste (quantification). De la découverte de la pluralité des interprétations d'un même contenu (R. Hoggart, M. de Certeau, etc.), ils ont juste conclu qu'ils pouvaient eux aussi délivrer leur interprétation personnelle (morale, esthétique, politique, etc.), même sans preuve tangible. Seul leur statut académique donne une once de plausibilité à leur exégèse plus ou moins érudite, ce qui semble bien fragile. Ainsi, dans un documentaire télédiffusé, U. Eco fait part de ses impressions pour prononcer ses jugements autorisés. Voyageant dans le train entre Bologne (où il enseigne) et Milan (où il réside), il avance une interprétation de l'usage ostentatoire du téléphone portable dans les transports en commun, mais sans avoir le réflexe élémentaire de mener une enquête de terrain auprès de la population pourtant pacifique qu'il côtoie chaque semaine.

Le *« linguistic turn »* (réalité réduite au seul langage, réalité vue comme langage, réalité limitée aux représentations de celle-ci) sonne comme une réaction d'autodéfense face à la menace intellectuelle de la sociolinguistique, de la pragmatique, de l'analyse conversationnelle, de l'ethnolinguistique et, par-delà, des sciences sociales. D'où la vogue structuraliste puis constructionniste, qui aborde la réalité sociale comme s'il s'agissait d'un récit ou d'un discours, en ne s'intéressant qu'aux justifications et aux symboles. Avec *Ce que parler veut dire*, P. Bourdieu matérialise les pires craintes et devient un auteur nécessitant des mesures prophylactiques (y compris par le détournement et le travestissement)[162]. On comprend dès lors pourquoi les sciences sociales sont parfois contestées dans leur ambition de scientificité (accusation de « scientisme ») : cela permet de retarder l'obsolescence de réflexes

---

[162] P. BOURDIEU, *Ce que parler veut dire. L'économie des échanges linguistiques*, Paris, Fayard, 1982, 244 p.

scolairement appris et de poursuivre ses cogitations impressionnistes. Dans la posture exégétique, l'interprète ignore comment chacun des documents réunis s'insère dans l'interaction sociale qui les a produits. Pour lui, le monde n'est que narration, discours, langage ou récit. Il est postulé que tout contenu contient un « sens » unique et véritable, le plus souvent caché, et que le *vulgum pecus* est grugé (au contraire du savant, supposé plus futé). L'auteur est présumé unique et doté d'une intention (persuader plus souvent que distraire). Mais le chercheur raisonne alors tautologiquement avec des expressions artéfactuelles comme « instance médiatique », « récit médiatique », « discours télévisuel », « production discursive » et « dispositif narratif ». Malgré cela, il n'est pas du tout en mesure de repérer les *private jokes*, mensonges, provocations, omissions et litotes, ni de comprendre l'origine des malentendus et des quiproquos. Tout se passe comme si les documents retenus étaient voués depuis le début à faire partie d'un corpus, ce que les historiens confrontés à des archives évitent scrupuleusement. Ces chercheurs développent un rapport révérencieux et quasi exclusif aux contenus ; d'aucuns ont même évoqué une obsession textuelle... Cela se vérifie dans le langage du philosophe P. Ricœur, souvent cité en référence, qui ne peut s'empêcher de désigner les processus de production et de réception par « avant-texte » et « après-texte » ! Dans cette perspective univoque, un mémorant ou un doctorant peut réussir la performance de soutenir son tapuscrit sans rencontrer ni prendre en compte dans son protocole le moindre agent social impliqué dans sa recherche, ou alors un nombre insignifiant. Le corpus transforme sans coup férir un matériau vivant en archive morte. Mais les cas abondent où, quelle que soit la sagacité personnelle du chercheur, le sens d'un message reste mystérieux faute de connaître les tenants et les aboutissants des configurations. Paradoxalement, l'herméneute dispose rarement des informations nécessaires pour « lire entre les lignes ». Et s'intéresser aux modalités de la constitution d'un corpus ne fait que déplacer le problème sans le résoudre. Il s'avère néanmoins possible et même heuristiquement fécond, les succès de ce type ne manquent pas, de prendre en compte les contenus sans pour autant céder à la fétichisation naïve d'un corpus.

Comparer des terrains asymétriques : L'exemple d'une recherche sur la presse quotidienne régionale

Aude Rouger

Lorsque l'on décide d'adopter une démarche de recherche comparative, le choix des terrains à mettre en parallèle constitue une étape décisive à bien des égards. Combien de terrains comparer ? Quels critères président à leur choix ? Est-il nécessaire que les terrains soient très similaires pour être comparables ? Le choix des méthodes et des corpus à analyser constitue également un arbitrage essentiel en début de recherche. La question du statut de ces derniers continue d'ailleurs de se poser tout au long de la recherche, particulièrement lorsque les corpus recueillis sur les différents terrains ne sont pas équivalents. Se pose alors la question de la comparabilité, non seulement des terrains, mais aussi des corpus.

Le titre choisi pour cet article, « comparer des terrains asymétriques », réunit les deux questions qui vont nous intéresser ici, et qui nous semblent fondamentales : celle de la comparabilité des terrains et celle du choix des méthodes pour la constitution et l'analyse des corpus. Ces problèmes ont constitué le point de départ de nombreux questionnements au cours des premières étapes de notre travail de thèse, qui porte sur les transformations des rapports entre presse quotidienne régionale (PQR) et territoires et sur les évolutions du traitement de l'information locale par cette presse depuis la fin des années 1960. Cette recherche est née d'une double interrogation : d'une part sur la crise de la presse quotidienne en France, et d'autre part sur le traitement de l'information locale, qui constitue un facteur essentiel de développement de la PQR. Elle nous a amenée à comparer trois quotidiens – *Ouest-France* (Rennes), *Le Parisien* (Paris) et *Le Progrès* (Lyon) – en croisant plusieurs méthodes et corpus : entretiens, analyse de contenu d'un corpus de presse, observations, et enfin corpus plus hétérogène de documents internes aux journaux.

1. La question de la comparaison et de la comparabilité des terrains

La presse quotidienne régionale représente, en France, plus de soixante titres. Mener une recherche sur un tel objet dans le cadre d'une thèse implique donc nécessairement de sélectionner un ou plusieurs quotidiens. Le choix des titres à étudier est cependant lourd de conséquences, dans la mesure où la PQR se caractérise par son ancrage dans des territoires dont les spécificités font la force de leurs quotidiens régionaux. Ceux-ci constituent donc des terrains assez différents les uns des autres.

Notre recherche de thèse est issue d'un premier travail, de nature monographique[163], portant sur la presse régionale et locale (quotidienne et hebdomadaire) en Ile-de-France. Il s'agit, pour ce type de presse, d'une région particulière à plusieurs titres : pénétration[164] particulièrement faible de la presse régionale dans cette région, avec en parallèle une forte présence de la presse nationale ; nature même de cette région-capitale fortement urbanisée...

Les limites de cette première recherche monographique nous sont rapidement apparues. Le cas de la presse francilienne suscite des questionnements à la fois sur l'identité régionale et sur le phénomène d'urbanisation. D'une part, l'Ile-de-France constitue une région administrative artificielle, et non fondée sur des éléments historiques, culturels ou encore linguistiques, contrairement à certaines régions où la presse régionale s'avère particulièrement présente – comme la Bretagne, l'Alsace ou encore la Corse[165]. D'autre part, l'urbanisation, évoquée par certains chercheurs, notamment Jean-Marie Charon, comme un déterminant essentiel de la crise de la presse quotidienne française[166], concerne évidemment au premier chef une région qui se confond pratiquement avec l'aire urbaine parisienne. Comment, cependant, déterminer l'influence respective des deux facteurs mis en évidence – l'identité régionale et l'urbanisation – dans les difficultés rencontrées par

---

163 Ce travail a donné lieu à deux mémoires : A. ROUGER, *La presse régionale et locale en Ile-de-France : l'exemple du Val d'Oise*, Mémoire de maîtrise d'Information-Communication, Université Paris 8-Saint-Denis, sous la direction de J. DELATTE, 2004, 126 p. (annexes : 134 p.) et A. ROUGER, *La presse régionale et locale en Ile-de-France : Enjeux territoriaux, représentations du public et stratégies des acteurs*, Mémoire de DEA, Université Paris 3-Sorbonne Nouvelle, sous la direction de M. PALMER, 2005, 212 p. (annexes : 250 p.).

164 Le taux de pénétration est le rapport entre la diffusion et la population de la zone de diffusion d'un titre.

165 Alors qu'en 2003, la diffusion des quotidiens régionaux atteignait 40,6% des foyers en Corse, 42,2% en Alsace et 45,8% en Bretagne, elle ne dépassait pas 7% en Ile-de-France. (Ouest-France, service Recherche et développement, *Evolution de la presse quotidienne régionale par départements, 1968-2003, diffusion par foyers*, 24 juin 2005, 14 p.).

166 J.-M. CHARON, *La presse quotidienne*, Paris, La Découverte, Collection Repères, 2005, pp. 102-107.

les journaux franciliens ? A l'issue de notre travail de DEA, la mise en œuvre d'une stratégie de recherche comparative nous est apparue essentielle pour nous permettre, par la confrontation de notre premier terrain avec d'autres, de vérifier nos hypothèses.

Le choix des terrains à comparer ne s'est pas opéré sans hésitations. Nous avons tout d'abord choisi de limiter, dans un souci de cohérence et de faisabilité de la recherche, notre travail à la presse quotidienne régionale. Après quelques tâtonnements, nous avons opté, en début de thèse, pour une mise en parallèle de trois régions françaises : l'Ile-de-France, Rhône-Alpes et la Bretagne, et de leurs cinq quotidiens régionaux[167]. Les trois régions choisies l'ont été au départ pour leurs caractéristiques contrastées : nous avions l'intention de comparer deux régions administratives au découpage « artificiel » – l'Ile-de-France et Rhône-Alpes – avec une région dont l'identité paraissait plus marquée – la Bretagne.

Cependant, les premiers entretiens menés, au cours de la thèse, auprès de responsables des quotidiens *Ouest-France*, *Le Parisien* et *Le Progrès* ont révélé chez eux des préoccupations communes qui dépassaient les différences entre régions. La question de l'identité régionale, si elle pouvait être perçue par les premiers enquêtés comme une contrainte parmi d'autres au sein des zones de diffusion des titres, n'était jamais présentée comme essentielle. Au contraire, les difficultés rencontrées par les quotidiens dans les zones urbaines et périurbaines étaient mises en avant, et comparées à la situation souvent meilleure des quotidiens dans les zones rurales, et surtout dans les villes petites et moyennes.

Les premiers entretiens réalisés sont donc venus compléter les premières lectures et nous ont amenée à privilégier l'une des pistes suivies au départ au détriment de l'autre. Dès lors, la question de l'identité régionale n'étant plus centrale dans notre réflexion, il nous a semblé opportun de modifier l'échelle de la comparaison. Au lieu d'une mise en parallèle entre trois régions, nous avons décidé d'opter pour une comparaison entre trois quotidiens : *Ouest-France*, *Le Parisien* et *Le Progrès*.

Le choix de ces trois quotidiens ne va pas nécessairement de soi, et la question de la comparabilité des terrains ne pourra manquer d'être posée. Comment comparer, en effet, des quotidiens centrés sur une importante métropole régionale, voire internationale (*Le Parisien* à Paris

---

167 *Le Parisien*, *Le Progrès*, *Le Dauphiné Libéré*, *Ouest-France* et *Le Télégramme*.

et *Le Progrès* à Lyon) et un quotidien qui « couvre » trois régions essentiellement caractérisées par un maillage de villes moyennes ou de très petites communes (la Bretagne, la Basse-Normandie et les Pays-de-la-Loire), avec quelques villes plus importantes (*Ouest-France*) ? Travaillant à l'origine sur le cas du *Parisien*, nous nous sommes trouvée, dès le début de notre recherche, face à une difficulté supplémentaire. Du fait de son histoire de quotidien national (sa régionalisation n'a débuté que dans les années 1960) et de sa situation particulière au sein d'une aire urbaine regroupant près de 20% de la population française, *Le Parisien* se présentait comme un cas à part. Il nous était dès lors impossible de le mettre en parallèle avec un autre journal véritablement équivalent. Nous avons souhaité, à travers le choix de ces trois terrains, mettre en avant les questionnements communs qui se font jour dans les journaux, au-delà de leurs différences. L'étude de trois cas présentant des similarités mais aussi beaucoup de contrastes nous semble présenter un caractère plus heuristique que la tentative de comparer des cas très proches.

2. Le croisement des méthodes et des corpus

Après le choix des terrains mis en parallèle, une autre décision cruciale, en début de recherche, fut la sélection des méthodes à utiliser. Nous avons privilégié le croisement de plusieurs méthodes distinctes, et à notre sens complémentaires, plutôt que nous fier à une seule méthode de recueil de données ou à l'analyse d'un seul corpus. Il nous semble en effet que le croisement de plusieurs méthodes permet de pallier les insuffisances propres à chacune.

Dans un premier temps, nous avons constitué, au sein des trois quotidiens étudiés, un corpus de cinquante entretiens semi-directifs, menés auprès de responsables rédactionnels et d'autres services des quotidiens (marketing, ventes, multimédia...). Notre objectif était de tenter de comprendre comment les quotidiens avaient fait évoluer le traitement de l'information, notamment locale, sur un temps relativement long, davantage que de cerner les pratiques journalistiques les plus quotidiennes. Nous avons donc cherché à interroger des responsables haut placés dans la hiérarchie des quotidiens et dirigeant des équipes, plutôt que des journalistes « de base ». Pour cerner l'évolution du traitement de l'information locale, et plus généralement des formules des quotidiens, il était nécessaire de croiser ces entretiens avec l'analyse d'un corpus de presse. A travers une analyse de contenu quantitative et une analyse plus qualitative de la morphologie des journaux, nous cherchons à cerner les grandes évolutions des quotidiens, au cours d'une période s'étendant de 1968 à 2004.

La mise en parallèle de ces deux premiers corpus nous semble indispensable dans la mesure où elle permet de mettre à distance certaines limites de chacun d'entre eux. Ainsi, les entretiens fournissent des discours qui ne sauraient être assimilés à des sources bibliographiques. Stéphane Beaud et Florence Weber soulignent l'inscription de l'entretien dans *« un ensemble de relations sociales "déjà là" »*, qu'il permet de révéler[168]. Pour Hélène Bézille, chaque entretien s'accompagne d'un certain nombre d'enjeux, aussi bien pour l'interviewer que pour l'interviewé, qui varient d'un entretien à l'autre[169]. Bruno Raoul relève également cet état de fait, et précise le statut qu'il convient, selon lui, d'accorder aux « dires d'acteurs » recueillis en entretien : *« Ces dires d'acteurs me paraissent devoir être entendus en tant que ceux qui les tiennent, les interlocuteurs du chercheur, plutôt que d'être identifiés comme des "sources", doivent l'être, comme l'ont noté Bernard Delforce et Jacques Noyer à propos des interlocuteurs du journaliste, "comme des acteurs sociaux d'un certain type, engagés dans des actions stratégiques et en concurrence avec d'autres acteurs sociaux pour l'imposition du sens" »*[170].

Il est évidemment essentiel de tenir compte de la nature particulière des entretiens dans l'analyse de ce corpus. C'est pourquoi il nous est apparu nécessaire de croiser les discours recueillis en entretiens avec ce qui a effectivement été publié par les quotidiens. A l'inverse, sans le renfort des entretiens, l'analyse du seul corpus de presse ne se révélerait sans doute pas aussi éclairante, car de nombreux enjeux décelables en entretiens demeurent invisibles dans les pages des quotidiens.

Outre ces deux corpus, nous avons également réalisé, au siège et dans certaines locales des quotidiens étudiés, quelques observations. Trop ponctuelles pour constituer un corpus à part entière, elles ont surtout pour utilité de nous permettre de mieux comprendre certaines

---

168 S. BEAUD, F. WEBER, *Guide de l'enquête de terrain*, Paris, La Découverte, Collection Guides Repères, 2003, p. 201.

169 H. BEZILLE, « Les interviewés parlent », A. BLANCHET *et al*, *L'entretien dans les sciences sociales*, Paris, Dunod, 1985, p. 132.

170 B. RAOUL, « Un travail d'enquête à l'épreuve du terrain ou "l'expérience de terrain" comme relation en tension », *Questions de terrains*, *Etudes de communication* n°25, 2003, p. 93. L'auteur cite B. DELFORCE et J. NOYER, « Pour une approche interdiscipinaire des phénomènes de médiation : constructivisme et discursivité sociale », *Etudes de communication* n°22, pp. 13-39.

pratiques professionnelles décrites en entretiens. Nous avons cependant choisi de ne pas prolonger ces observations, car elles nous apprenaient peu sur les mutations à moyen terme des quotidiens étudiés.

Enfin, nous avons recueilli un dernier corpus plus hétérogène de documents et d'études internes aux journaux, dont l'accès a parfois été difficile, et se révèle finalement très différent d'un terrain à l'autre. Si les professionnels rencontrés ont rarement mis en cause le principe de l'entretien, nous accordant même volontiers du temps malgré un emploi du temps souvent chargé, ils ont en revanche régulièrement avancé la question de la confidentialité pour justifier leur refus de nous divulguer certaines sources. Cet argument est souvent employé dans ce cadre, comme le relève Jean-Jacques Cheval dans un article sur le quotidien *Sud-Ouest* : *« Si l'on accède assez facilement aux données quantitatives de base, au-delà ne sont disponibles que des chiffres partiels, des séries discontinues et dissemblables, même sur une courte période. Ces données, de même que les données qualitatives, quand elles existent, demeurent considérées comme des ressources stratégiques. Elles suscitent une conservation jalouse par crainte d'une exploitation concurrentielle »*[171].

A *Ouest-France*, nous avons pu avoir un accès très libre au fonds d'archives conservé par le service Recherche & développement, comprenant des études de lectorat menées par le journal, des notes internes, des chiffres de diffusion très précis, des manuels et chartes à l'usage des journalistes, etc. Nous avons également pu consulter librement l'inventaire complet des documents conservés par le service. Au *Parisien* et au *Progrès*, en revanche, nous avons eu accès à des sources beaucoup plus parcellaires et beaucoup moins riches (pour *Le Parisien*, essentiellement des extraits d'études de lectorat ; pour *Le Progrès*, des cartes détaillées des éditions et des manuels à l'usage des journalistes, mais aucune étude de lectorat). Ce caractère beaucoup plus restreint du corpus de documents internes pour *Le Parisien* et *Le Progrès* provient essentiellement de difficultés d'accès aux données, et non de l'absence pure et simple de documents disponibles au sein des titres – même s'il faut tenir compte également de l'exceptionnelle richesse des fonds conservés par *Ouest-France*.

Du fait de la nature très hétérogène de ce dernier corpus (à la fois parce que les documents existants au sein des trois quotidiens ne sont pas

[171] J.-J. CHEVAL, « La diffusion du journal *Sud-Ouest*, 1980-2000 », G. FEYEL (Dir.), *La distribution et la diffusion de la presse, du XVIIIe siècle au IIIe millénaire*, Paris, Panthéon-Assas, 2002, p. 340.

toujours de nature similaire, et parce que l'accès à ces données n'a pas été le même pour les trois titres), il ne nous est pas possible d'analyser ces documents de manière aussi systématique que les entretiens ou le corpus de presse. Pour autant, nous ne les considérons pas comme de simples sources, mais plutôt comme un apport supplémentaire à une meilleure connaissance de nos terrains, au même titre que les observations, mais aussi en complément d'éléments plus informels, recueillis souvent fortuitement : échanges avec les enquêtés avant ou après les entretiens par exemple. Cette connaissance plus informelle des terrains étudiés nous semble devoir être également prise en compte, bien qu'il soit parfois difficile pour le chercheur de déterminer quel statut lui accorder.

Conclusion

L'accès, au sein de certains terrains (particulièrement *Ouest-France*) à des données plus riches que dans d'autres nous semble interdire la mise en parallèle directe de certains corpus (notamment le corpus de documents internes). La question de la comparabilité des corpus rejoint ici celle des terrains : comment, dans ces conditions, la comparaison des trois titres peut-elle être valable ?

Nous avons pris le parti de comparer non pas des variables observées au sein des différents corpus[172], mais des études de cas[173]. Chaque terrain (en l'occurrence chaque quotidien) est alors analysé comme un tout, qu'il convient de replacer dans un contexte historique et géographique original[174]. De cette manière, il nous semble possible de mettre à distance à la fois les différences entre les terrains et le problème de l'asymétrie de certains corpus, tout en tirant parti du croisement de plusieurs méthodes et corpus, à la lumière de la connaissance des terrains acquise au cours de la recherche empirique.

---

172 Sauf pour l'analyse de contenu des corpus de presse, qui pourra donner lieu à la comparaison, d'un titre à l'autre, des variables analysées.

173 Cécile Vigour distingue l'approche par les cas, centrée sur quelques cas dont plusieurs dimensions (historique, politique, économique, sociologique, etc.) sont prises en compte, de l'approche par les variables, qui décompose les cas comparés en variables étudiées de manière transversale. C. VIGOUR, *La comparaison dans les sciences sociales, pratiques et méthodes*, Paris, La Découverte, Collection Guides Repères, 2005, pp. 203-210.

174 Il faut cependant distinguer cette approche par les cas d'une simple juxtaposition de monographies, nuisible à la réalisation d'une véritable comparaison.

Troisième partie

Relier des mondes : la recherche, l'entreprise, l'international

Chapitre 6

Le chercheur et l'entreprise

Une thèse en SIC et plus largement en Sciences Humaines et Sociales peut être l'occasion d'un mariage heureux avec le monde de l'entreprise.

A chaque étape, l'entreprise apparaît comme un partenaire possible à l'apprenti chercheur : avant, pendant et après la thèse. Dans son texte, Jean-Philippe Gardère relate comment son expérience professionnelle – il est directeur des espaces publics et des déplacements urbains à la mairie de Bordeaux – l'a conduit à rédiger une thèse sur la démocratie participative et la communication de proximité dans l'aménagement urbain.

La thèse elle-même peut-être l'occasion d'un partenariat avec l'entreprise, à l'image de Loïc Ballarini, doctorant à l'université Paris 8-Vincennes Saint-Denis, qui a signé avec un groupe de presse un contrat CIFRE[175]. S'il souligne l'apport financier indéniable d'un tel accord, il dresse un bilan mitigé de l'intérêt scientifique de son expérience.

Enfin, la thèse peut constituer également un outil d'insertion professionnelle en entreprise. Elizabeth Machado a ainsi intégré la chaîne de télévision lusophone, CLP, après sa thèse. Dans son texte, elle met à jour de nombreuses contre-vérités sur la relation entre le monde de la recherche et celui de l'entreprise, et souligne combien son doctorat a constitué un atout pour le développement de sa carrière professionnelle.

175 Conventions Industrielles de Formation par la Recherche.

De l'acteur au chercheur

Jean-Philippe Gardère

1. Position du chercheur

Ingénieur de l'Ecole Centrale de Nantes et titulaire d'un DESS d'administration des entreprises, mon rôle d'acteur dans une grande Mairie fut tout d'abord technique et basé sur l'exécution de tâches en lien avec ma fonction. Cependant, les années aidant, il m'a fallu prendre en compte une autre dimension plus réflexive. Aussi, j'ai commencé à questionner ma pratique professionnelle. C'est pourquoi j'ai travaillé plus en profondeur afin de donner aux projets que je conduisais une autre dimension que la simple portée opérationnelle. Cela a supposé au préalable une approche stratégique[176] de l'organisation en termes de changement[177], ce qui a nécessairement été englobé dans une politique générale. Cette réflexion n'était plus alors uniquement fondée sur les données techniques, mais également sur ce qui constitue une des bases de l'activité d'une collectivité : l'approche communicationnelle.

La démarche de recherche entreprise a été initiée par un besoin de comprendre mon environnement de travail et ses enjeux pour l'améliorer et prendre la distance critique nécessaire à l'analyse. Ma thèse[178] rend compte de cette approche. Elle traite d'un point spécifique de la communication lié à ma fonction : la démocratie participative. En effet, j'occupe un poste de directeur en Mairie où j'ai, entre autres, en charge les projets d'infrastructure, domaine de prédilection de la démocratie participative. Dans ce contexte de communication de proximité, informer et concerter les riverains, pour des travaux tels que par exemple ceux de la réfection d'une rue, sont des étapes incontournables. Cependant, même si l'organisation s'est adaptée à cette nouvelle donnée participative, la démarche n'en reste pas moins balbutiante quant aux divers protocoles à mettre en place lors des présentations publiques. Afin de maintenir un cap politique, cela suppose une vision d'ensemble sans

---

[176] P. JOFFRE *et al.*, *Le management stratégique par le projet*, Paris, Economica, 2006.

[177] D. AUTISSIER, J-M. MOUTOT, *Pratiques de la conduite de changement*, Paris, Dunod, 2003.

[178] J-P. GARDERE, *Démocratie participative et communication de proximité dans l'aménagement urbain. Le projet urbain : un outil de reconquête de la démocratie*, Thèse de doctorat, Université Bordeaux 3, 2006.

pour autant céder à la juxtaposition des intérêts particuliers. La réponse à cette problématique repose sur une recherche qui livre des pistes structurées pour l'avenir. C'est ainsi que d'acteur (au sens de l'agir organisationnel et communicationnel), je suis devenu chercheur, voire acteur chercheur livré tantôt à l'observation participante, tantôt à la prise de décision en vue de l'action. Ma recherche effectuée en immersion professionnelle a parfois posé le problème de la limite de l'impartialité, de l'objectivité. C'est en m'engageant sur un mode de recherche-action que j'ai cherché à : dénouer les méandres de l'administration et créer des liens entre les parties prenantes ; identifier l'acte communicationnel des différents acteurs, fonctionnaires, élus, riverains ; identifier les actions non formalisées qui contribuent à créer du sens ; redonner un sens à l'action de communication.

2. Définition et méthodologie

La recherche-action se conçoit par définition, comme étant à la fois théorique et pratique, ce qui en fait une recherche alternative. Elle s'est donnée comme objectif de transformer une situation sociale en connaissance : *« La recherche-action se veut ainsi une réponse à la critique dirigée contre les sciences sociales qui semblent incapables de fournir, par leurs recherches, des réponses aux nombreux problèmes sociaux qui persistent toujours »*[179]. L'acteur chercheur qui entreprend une démarche d'appropriation et de validation des pratiques, savoirs, dispositifs et processus à l'occasion des situations créées par les acteurs trouve ici une méthodologie pour sa recherche. En devenant le cadre d'expériences, les situations délimitent à leur tour un cadre de recherche. Ce dernier est tissé d'interactions dans un environnement complexe. Il est régulé par un accord implicite ou explicite entre les acteurs et *« le champ de la recherche-action, donné dans la situation elle-même, va être circonscrit par le cadre de l'intervention, qui a pour but de susciter le changement des représentations et des habitudes »*[180]. Il tend à donner du sens aux représentations collectives de l'action pour mieux comprendre et améliorer les pratiques et accompagner le changement. La recherche-action[181] situationnelle a besoin d'interfaces (méthodologiques, matériels,

---

[179] A. DOLBEC, « La recherche-action », G. BENOIT (Dir.), *Recherche sociale. De la problématique à la collecte de données*, Paris, Presse de l'Université du Québec, 4e édition, 2003, p. 505.

[180] J-P. RESWEBER, *La recherche action*, Paris, Presse Universitaire de France, 1995.

[181] Voir à ce sujet E. GARDERE, « Figures de l'acteur chercheur. Postures alternatives en débat », *La recherche-action en communication organisationnelle. Méthodologies et techniques de*

contractuels, logiciels…) pour agréger des champs hétérogènes. Son projet est d'améliorer la pratique professionnelle dans une relation plus égalitaire entre le praticien et le chercheur. C'est *« par la production d'un savoir qui se développe dans et par l'action réalisée par des groupes sociaux »*[182] qu'elle se construit. Pour reprendre la typologie de Paillé, cette recherche est *appliquée, impliquée et engagée*[183] car elle prend appui sur la pratique. Elle met le sujet en situation d'acteur et non d'objet, tandis que la méthodologie qualitative cautionne l'action. La recherche-action contribue collectivement à la formulation du problème, à son analyse, son évaluation, voire à sa résolution pragmatique. Ce ne sont pas des hypothèses *a priori* qui permettent de le conceptualiser à partir de considérations théoriques.

3. Du projet à l'action

Ma recherche convoque l'action et la met en perspective avec des notions et concepts[184] dans le souci de lui donner une dimension réflexive. L'enquête, l'entretien professionnel, l'interview, le questionnaire, le recueil de données sont autant d'outils sociologiques qualitatifs mis à disposition du chercheur en situation d'acteur. C'est dans un contexte d'organisation matricielle, en réseau, ou de toutes autres nouvelles formes d'organisation, que la recherche-action trouve un écho des plus favorable. A l'image du mode projet, l'action est finalisée avec une date de début et de fin, un maître d'ouvrage (le commanditaire dans un appel d'offre), un maître d'œuvre (l'universitaire) et parfois un maître d'usage (le bénéficiaire).

Le chercheur est ici partie prenante de l'action dans les projets qu'il mène comme *« une démarche spécifique qui permet de structurer méthodiquement et progressivement une réalité à venir. Un projet est mis en oeuvre pour élaborer une réponse au besoin d'un utilisateur, d'un client ou d'une clientèle. Il implique un objectif, des actions à entreprendre avec des ressources définies dans des délais*

---

recueil des données en communication organisationnelle (A. BOUZON, V. MEYER (Dir.), Paris, L'Harmattan, 2007.

182 J. RHEAUME, « La recherche-action. Un nouveau mode de savoir », *Sociologie et sociétés* n°1, vol. 14, 1982, pp. 43-52.

183 P. PAILLE, « Recherche-action », A. MUCCHELI, (Dir.), *Dictionnaire de la recherche qualitative*, Paris, Armand Colin, 1994, pp. 193-195.

184 G. GAREL, V. GIARD, C. MIDLER, *Faire de la recherche en management de projet*. Paris, Vuibert.

donnés »[185]. De manière complémentaire, l'approche sociale considère que *« les situations sont des espaces à la fois concrets et complexes où se déroule une série d'événements, d'actions et d'interactions entre des individus impliqués dans ce même espace. Chaque situation est délimitée dans le temps et l'espace. Elle prend forme lorsque que des individus accordent un sens commun à ce qu'ils font »*[186]. La recherche en immersion permet à la fois de recueillir des informations et de confronter très rapidement des théories à l'aune de la pratique.

Par l'observation participante

La participation à un grand nombre de réunions de concertation ou à des conseils de quartier, l'analyse des comptes rendus successifs et l'écoute des réactions des différents acteurs m'ont permis de m'imprégner de la problématique sous-jacente à la démocratie participative qui avait été oubliée par une mise en place trop rapide de la procédure.

Par la théorisation des hypothèses

Au niveau théorique, j'ai entrepris le vaste chantier de conceptualisation du pilotage de projet et de la *micro représentativité* dans leur dimension communicationnelle. Cela tout en conservant les spécificités organisationnelles d'un pôle conjointement administratif, technique et politique et de la portée sociale en milieu urbain. La parole citoyenne ne fait pas toujours écho aux pratiques de l'Agora. A la lumière de ce constat, j'ai voulu prolonger les travaux que d'autres chercheurs avaient initiés sur cette forme de communication démocratique, tentant alors de trouver une résonance à ce concept actuel. L'ancrage théorique est centré sur la problématique de l'acteur : l'acteur réseau développé entre autres par Michel Callon et Bruno Latour ; l'acteur et le système traité par Michel Crozier et Erhard Friedberg ; l'auteur et le sujet envisagé par Blaise Ollivier dans le prolongement des recherches d'Alain Touraine sur l'acteur social dans la sociologie dynamique et la recherche-action. Le cadrage théorique repose sur le principe méthodologique de l'acteur réseau. Il s'attache aux traces de l'action le temps du projet à l'échelle urbaine. Ici, celle de la Ville, lieu des sociotechnologies. La

---

185 AFNOR (Association française de normalisation), *Norme NF X50-106. Management de projet. Terminologie dans les contrats d'ingénierie industrielle*, 1993.

186 H. BAZIN, *Qu'est-ce qu'un travail en situation*, document électronique, <http://www.recherche-action.fr>, 2005.

théorie de l'acteur réseau problématise l'association entre l'humain et le non humain, comme condition de sociabilité. Elle traduit l'intérêt de la part du social dans l'activité des chercheurs et de la coordination d'acteurs qui agissent dans des registres différents.

Par le test des hypothèses

C'est en créant des liens étroits et des interactions fréquentes entre l'approche théorique et l'axe pragmatique que j'ai mené cette recherche. Elle est basée sur la complémentarité de méthodes (écrites, orales, projets). Dans cette optique, des situations qui semblent secondaires prennent un relief significatif pour comprendre les relations qui se jouent dans les organisations contemporaines : témoignages, retours d'expériences, échanges formels par courrier électronique, échanges informels lors de déjeuners, études de cas, capitalisation des savoirs collectifs, rétrospectives, bilans et rapports, articles sur les conclusions d'une expérience de projet. L'analyse de ces matériaux contribue à faire évoluer la cartographie des pouvoirs, à procéder aux ajustements, à rendre visible l'opacité des méandres de l'administration, à faire parler, à échanger. L'apport communicationnel fait écho à ces interactions théoriques en contribuant à la cohérence du projet démocratique et à la construction du lien social par l'émergence d'un discours démocratique, lieu d'articulation d'une multitude de dispositifs.

Par une enquête de terrain

Cet outil détermine la méthodologie et l'outillage conceptuel utilisé pour explorer et ouvrir au débat le questionnement démocratique. Il m'a donné les moyens d'aboutir à des résultats de recherche à partir d'un projet d'aménagement pour effectuer une enquête auprès des riverains concernés afin de connaître leur vision de la démocratie participative appliquée à ce cas concret. Une telle enquête permet de fiabiliser l'hypothèse retenue à l'épreuve du terrain et de cerner le périmètre de ses limites. En effet, engager des citoyens dans un projet urbain au niveau communicationnel implique l'adhésion à des accords collectifs, où l'usager (le citoyen) est amené à s'approprier le projet porté par les managers (politiques et ingénieurs). Ce travail questionne la rhétorique des espaces de concertation dans la *sphère publique*[187] qui supporte le projet. Bien que cette enquête porte sur l'émergence d'un nouveau réseau d'acteurs et d'artefacts en œuvre lors des manifestations de *micro représentativité*, elle renvoie à une dimension plus large : celle de l'écologie du projet, de son environnement et de sa portée en termes d'acteurs mobilisés, d'éléments sociaux et culturels engagés dans la démarche, de technologies en jeu (sans en faire une variable indépendante ou exogène) et des marqueurs politiques et historiques sous-jacents.

En conclusion, la voie d'une recherche plus approfondie sur l'intelligence territoriale est ouverte. Elle prolonge ces travaux sur l'émergence de la *micro représentativité* dans les approches communicationnelles de la démocratie participative.

---

187 Voir P.-B. JOLY et G. ASSOULINE, *Assessing Debate and Participative Technology Assessment in Europe*, INRA Grenoble, 2001, pour la notion de *sphère publique*. C'est « *l'espace qui existe entre les différents lieux symboliques de confrontation ou arenas* ».

La convention Cifre en SIC : une aide précieuse mais ambiguë

Loïc Ballarini

1. Le dispositif

Les Conventions Industrielles de Formation par la Recherche (Cifre) sont un dispositif du ministère de la Recherche, dont la gestion est confiée à l'Association Nationale de la Recherche Technique (ANRT)[188]. Selon les termes de l'ANRT, elles *« permettent aux entreprises de recruter des jeunes Bac +5 dont le travail de recherche et développement aboutira à une thèse de doctorat »*. Le principe étant de soutenir des projets qui doivent faire à la fois l'objet de recherches fondamentales dans le cadre d'une thèse et de recherches appliquées dans le cadre d'une entreprise, les Cifre sont surtout utilisées en sciences dites « dures », où cette double exigence est plus facile à remplir. Sur les près de 13 000 conventions signées entre 1981 et 2004, seules 12 % concernaient les « sciences humaines et sociales, économiques et de gestion », au sein desquelles les « humanités » se contentent de la portion congrue (2 %)[189]. Le dossier de demande peut être déposé à tout moment de l'année, dès que les trois partenaires que sont l'entreprise, le doctorant (sans condition de nationalité) et le laboratoire de recherche (qui peut aussi être étranger) sont réunis. L'ANRT met environ deux mois pour l'instruire et accorder ou non sa subvention. Si la réponse est positive, le dispositif se matérialise par la signature de trois contrats. La convention proprement dite est passée entre l'ANRT et l'entreprise, et assure à cette dernière une subvention annuelle de 17 000 €. Un contrat de travail (CDD de trois ans ou CDI) lie l'entreprise et le chercheur, dont le salaire annuel brut ne peut être inférieur à 23 484 €, soit 1 957 € mensuels[190]. Ce montant place la Cifre au-dessus de l'allocation de recherche (1 650 €[191]) et au niveau du poste d'ATER à temps plein (1 995 €[192]), sachant que le temps du doctorant doit être partagé entre l'entreprise et son laboratoire. Enfin, un contrat

---

188 Site de l'ANRT : <http://www.anrt.asso.fr>. Forum de l'ANRT consacré aux Cifre : <http://forum.aceboard.net/?login=131988>

189 « Chiffres et tendances », ANRT, <http://www.anrt.asso.fr/fr/pdf/ Chiffres_CIFRE.pdf>

190 Chiffres valables pour les conventions signées à partir du 1er septembre 2007.

191 Chiffre valable depuis le 1er octobre 2007.

192 Chiffre valable depuis le 1er février 2007.

de collaboration entre l'entreprise et le laboratoire est censé être le garant de la bonne tenue du travail du doctorant.

Il faut encore savoir que, théoriquement, les Cifre sont destinés à procurer une *« première expérience professionnelle »* à des doctorants âgés d'*« environ 26 ans »*. Mais ce ne sont pas des critères impératifs : j'avais plus de 28 ans quand j'ai fait ma demande, et cela faisait cinq ans que je travaillais comme journaliste dans un hebdomadaire régional appartenant au groupe de presse à qui j'ai proposé la convention. J'étais déjà en CDI, et je n'ai pas changé d'employeur : mon contrat a simplement été modifié par un avenant d'une durée de trois ans, le temps de la convention.

2. Naissance du projet

Mon DEA portait essentiellement sur une analyse de contenu de la presse régionale et sur ses évolutions depuis l'apparition d'internet. Pour la thèse, je souhaitais continuer en élargissant mes recherches aux structures et recompositions de l'espace public local, notamment en lien avec les technologies numériques d'information et de communication. Un tel sujet pouvait faire l'objet d'une Cifre, puisqu'il combinait un enjeu théorique, autour d'une dimension négligée du concept d'espace public, avec un enjeu industriel pouvant intéresser un groupe de presse. C'est particulièrement vrai en presse hebdomadaire régionale, dont les titres, pour la plupart implantés en zone rurale, doivent faire face au vieillissement et à la baisse de leur lectorat, à une époque où le haut débit se généralise et où la légitimité du modèle de la presse régionale est de plus en plus remise en cause. L'aspect théorique ayant au préalable reçu l'aval d'un directeur de recherche, j'ai pu en présenter l'aspect économique et stratégique à mon employeur. Le projet visait à définir les meilleures conditions d'implantation des titres du groupe sur internet, les évolutions à apporter aux journaux papier, et les relations à envisager entre *print* et *web*. Un des arguments fondamentaux étant qu'un doctorant en SIC pouvait amener des connaissances et un recul théorique permettant, comme on dit dans ce milieu, d'« optimiser la prise de décision ». Quant à mon propre intérêt, il était évident : financer ma thèse grâce à un travail qui constituerait également mon terrain d'enquête.

3. Négociation

Plusieurs rendez-vous avec la direction du groupe ont été nécessaires. Chaque fois, on m'a demandé de préciser le projet, ce qui a abouti à la rédaction d'un dossier d'une douzaine de pages comprenant notamment un calendrier détaillé sur trois ans. Mais il ne faut pas se bercer d'illusions : le point décisif, celui qui a permis d'emporter l'adhésion – et dont il ne fait aucun doute qu'il doive figurer en bonne place dans l'argumentaire – a été d'ordre financier. Un doctorant en Cifre est un chercheur qui ne coûte quasiment rien : s'il est payé au tarif plancher comme c'est mon cas[193], les trois quarts de son salaire brut (hors charges patronales) sont versés par le ministère de la Recherche *via* l'ANRT. Et même si j'ai obtenu que mon temps soit réparti pour moitié entre la thèse et l'entreprise, l'employeur est encore largement gagnant, tant en temps qu'en argent.

Encore un mot sur la constitution du dossier, pour indiquer qu'elle ne dissimule ni piège ni parcours du combattant. Dans mon cas, l'essentiel a été de convaincre l'entreprise. Y parvenir passait par un exercice de style finalement assez plaisant, dans lequel utiliser tous ces mots interdits à l'université que sont « démarche prospective », « synergie » ou « recommandations stratégiques ». Bref, parler le langage managérial sans sacrifier les exigences théoriques.

Par contre, il ne faut guère attendre d'aide de l'ANRT. En cas de question sur les démarches à suivre et l'ordre dans lequel les effectuer, la réponse est systématiquement : « Voyez avec l'entreprise ». Il y a en effet deux façons de négocier une Cifre : soit une entreprise, pour un projet de recherche et développement précis, souhaite faire appel à un doctorant dans le cadre d'une Cifre ; soit un étudiant, en recherche de financement, propose une telle convention à une entreprise. Mais dans les deux cas, c'est toujours l'entreprise qui remplit et dépose la demande et demeure le contact de l'ANRT. Cependant, là encore, le protocole peut subir quelques modifications. Dans mon cas, c'était la première fois qu'une Cifre était proposée à mon employeur. On m'a donc laissé rédiger la demande de convention – il s'agissait en l'occurrence d'une version modifiée du dossier ayant servi à convaincre la direction, augmentée de considérations théoriques et universitaires. Et le directeur des ressources humaines est même allé jusqu'à me demander ce qu'il convenait de faire

193 Au début de ma convention, le salaire minimal annuel était de 20 215 € et correspondait à mon salaire de journaliste. Bien que la moyenne de rémunération constatée par l'ANRT se situait à 24 000 € (chiffre 2004), il n'a jamais été question de s'en rapprocher.

figurer dans l'avenant à mon contrat, tellement la convention Cifre devait lui paraître étrange...

4. Mise en place et modifications

La convention est entrée en vigueur en octobre 2005. Très rapidement, on m'a proposé des modifications au contrat que nous venions de signer. À ce moment-là, le groupe avait en effet décidé d'équiper toutes ses rédactions d'un système éditorial intégré. Il s'agit d'un logiciel fourni par une société extérieure, et qui permet la saisie des articles, l'insertion des photographies, une certaine automatisation de la mise en pages, la gestion des archives ainsi que, dans un futur proche, la publication sur internet. Internet, mot magique résonnant avec le projet que j'avais déposé... Au calendrier initial fut alors substitué un autre plan : la première année, je m'occuperais de la formation des rédactions à ce logiciel. La seconde serait consacrée à la réflexion sur la stratégie internet du groupe (qui prenait à l'origine l'essentiel des trois ans), la troisième verrait le lancement d'un site expérimental. Je n'avais pas vraiment le choix... j'ai donc accepté. Il faut dire aussi que le travail de formation m'intéressait. J'étais par contre sceptique sur le fait d'installer un logiciel avant de savoir ce que l'on veut vraiment en faire et sans même être certain qu'il serait capable de le faire – l'export des articles sur internet n'est par exemple toujours pas développé à l'heure actuelle. Mais la commande était passée depuis longtemps, et la livraison était imminente.

5. Déroulement

Durant la première année de la convention, seule une petite partie du travail prévu a pu être effectuée. Le logiciel, livré non fini, a dû être débogué par nos soins, et s'est révélé d'une utilisation lourde et peu ergonomique, ce qui a considérablement allongé les temps de formation et de suivi. Pendant toute cette période, j'ai remis des rapports hebdomadaires à la direction, dans lesquels j'exprimais toutes mes réserves. À la fin de la première année (octobre 2006), et puisque la phase de formation était théoriquement terminée pour moi, j'ai fait savoir que j'avais hâte de commencer le travail pour lequel la convention avait été signée. On m'a répondu que cela ne devrait pas démarrer plus tard que... juin 2007. Mi-novembre 2007, malgré mes demandes répétées, la phase de réflexion, qui devrait s'achever et laisser place à l'expérimentation, n'a toujours pas commencé. Le temps perdu est donc énorme, et le groupe est complètement passé à côté des compétences qu'il aurait pu mobiliser en moi. Je ne prétends pas être le sauveur de la presse, mais ce qu'on m'a fait faire jusqu'à aujourd'hui n'a absolument aucun rapport ni avec des connaissances en SIC, ni avec ce qui était prévu.

Qu'en est-il de ma thèse ? La première année a été essentiellement consacrée à un travail théorique et à une réflexion sur la problématique. Le mi-temps consacré à ces recherches a été scrupuleusement respecté, sans que l'entreprise ne cherche à en détourner une partie à son profit. Mais la répartition du temps de travail n'était pas très pertinente, puisqu'elle se faisait jour par jour. Or il n'est pas évident de se remettre dans son sujet quand on sait qu'on ne dispose que de deux ou trois jours avant de devoir se consacrer à une tout autre tâche. J'ai donc demandé que la répartition se fasse au moins semaine par semaine, ce qui a été accepté, et se révèle bien plus efficace. Début 2007, j'ai même bénéficié d'une période de trois mois, quasiment sans interruption, entièrement dévolue à la thèse.

J'ai par contre abandonné tout espoir qu'il y ait un lien entre ma thèse et le travail de « recherche appliquée » fait pour l'entreprise. Ce n'est pas gênant dans la mesure où ma problématique a évolué et s'est éloignée d'internet. Je n'ai plus aujourd'hui besoin du terrain qu'aurait pu constituer ce travail. Mais j'ai aussi perdu le gain de temps qui en aurait découlé (il me faut trouver un autre terrain, sur le mi-temps de la thèse) – tout comme mon employeur a, à mon sens, perdu tout ce qu'une réflexion théorique aurait pu lui apporter.

6. Bilan aux deux tiers du parcours

Le moment des journées d'études Parcoursic 2007 correspondait au mi-temps de la convention. Alors que je relis cet article avant publication, un peu plus des deux tiers s'en sont écoulés. Le bilan provisoire que je peux tirer de la convention est contrasté. Du côté universitaire tout d'abord, et malgré les réserves évoquées plus haut, un point me semble essentiel : sans le double apport de temps et d'argent que permet la Cifre, je ne me serais pas lancé dans une thèse. La question suivante étant : est-il possible de soutenir dans les trois ans de la convention ? Rien n'est moins sûr... Dans mon cas personnel, la situation est ambiguë : étant en CDI, je suis assuré de retrouver un poste de journaliste au sein du groupe à l'issue de la convention – la sécurité de l'emploi est une chance dont peu de thésards disposent. Mais si je n'ai pas terminé ma thèse à ce moment-là, je sais aussi qu'il sera impossible de m'y consacrer en plus d'un travail à plein temps. J'aurai alors le choix entre la démission et le congé sans solde, si on me l'accorde. A noter que l'abandon de la thèse ne figure pas dans cette liste de choix…

Du côté de la « recherche appliquée » – guillemets indispensables – le bilan est très décevant. Rien de ce qui était au départ prévu n'est entamé, aucun signe n'indique pour l'instant que ce travail débutera bien un jour. Plusieurs choses jouent certainement dans cet état de fait. L'absence de prise de conscience (ou la conscience très faible) de l'intérêt d'une recherche à visée stratégique à l'échelle du groupe semble en être la cause principale. Une réflexion sur les annonces légales et les petites annonces est bien en cours. Mais, sans même parler du modèle économique lié à internet, un simple organe informel consacré au contenu éditorial des journaux n'existe pas, du moins à ma connaissance. Rien n'est fait non plus pour connaître les ressources ou les volontés disponibles dans les rédactions et les centres de composition. Et puis, aspect important également, ma position de chercheur-salarié-subventionné-à-mi-temps est mal comprise. Ou plutôt, elle est comprise uniquement dans un sens pratique et une visée à très court terme. L'entreprise dispose d'un employé qualifié qui ne coûte pratiquement rien. Qu'importe alors si la tâche qui lui est confiée est des plus éloignées de ses compétences : cela coûterait infiniment plus cher de faire appel à un prestataire extérieur ou d'embaucher un formateur.

Matériellement, la Cifre me permet donc d'avancer dans ma thèse, ce qui est déjà beaucoup. Quant au principe même de la convention, qui est de créer une émulation entre l'université et l'entreprise, il se solde, dans mon cas personnel et aux deux tiers de la convention, par un échec total.

Du mariage inattendu, mais heureux entre le monde professionnel et le monde de la recherche

Elisabeth Machado Marcellin

Il est de tradition d'opposer d'un côté le monde du travail et de l'autre, le monde universitaire, et notamment celui de la recherche. Présentés comme adversaires, ils incarneraient deux mondes imperméables l'un à l'autre, deux mondes entre lesquels les passerelles semblent rares et fragiles. Certains doctorants, et notamment ceux qui n'excluent pas de mener à bien une carrière au sein de l'entreprise, pâtissent de ce fait de l'isolement et de la faible valorisation de la thèse, considérée comme un long mémoire soporifique. Le doctorat, même s'il ne constitue pas a priori un passeport pour la place au soleil dont tout un chacun peut rêver, peut néanmoins se révéler utile pour une insertion professionnelle réussie. A condition de savoir effacer les frontières et de capitaliser le travail qu'il concentre. C'est de cet effort dont je parlerai ici, en livrant sous forme de témoignage le récit d'une doctorante qui a ouvert la porte d'une chaîne de télévision, après s'être intéressée à ce média pendant plus de quatre ans.

1. Des affres du doctorat

Qu'on le veuille ou non, le chercheur reste dans bien des têtes un rat de bibliothèque, qui ne connaît pour seuls compagnons de route que les livres et les manuels spécialisés. Son travail de recherche, aussi intéressant et utile à la société soit-il, reste voué souvent aux oubliettes des bibliothèques, où s'abreuvent les chercheurs qui le suivront. Entre curiosité, admiration et mépris, le doctorant tente de produire un écrit clair, précis et rigoureux sur l'objet de sa recherche. Eventuellement pour rejoindre le monde scientifique et obtenir un poste au sein d'une université. Eventuellement seulement.

Pour peu qu'il rejette certaines ecchymoses du monde académique, il poursuivra sa recherche en laissant entrouverte la porte d'un monde extra-universitaire. C'est dans cette disposition d'esprit que j'ai entrepris en 2001 un travail de thèse[194], sous la direction de François Jost, sur ce

[194] E. MACHADO, *L'intime-quotidien à la télévision : formes et territoires. Analyse comparée de deux chaînes privées européennes, SIC (Portugal) et TF1 (France)*, Thèse de doctorat soutenue le 6 décembre 2005, Université Paris 3, 413 p. A paraître courant 2008 chez L'Harmattan.

que j'ai appelé « l'intime-quotidien à la télévision ». En reformulant le concept d'intimité, déjà appliqué à la télévision[195], je construisais ma réflexion autour d'un concept opératoire, qui signalait d'emblée la proximité et les porosités entre ce qui est intime et relève du for intérieur, et le quotidien, qui recouvre de nombreux aspects de la vie ordinaire. Passionnée par la petite lucarne, j'ai bâti pour projet d'appréhender les formes et les territoires de l'intime-quotidien au sein de deux chaînes de télévision distinctes, TF1, en France, et SIC, au Portugal. L'investigation autour de cet objet sémiotique se fit par le biais d'une analyse contrastive, transgénérique et diachronique, le tout dans une perspective pragmatique.

Ce travail exaltant, qui m'a occupée quatre longues années et qui a nécessité des milliers d'heures de travail à l'INA, mais aussi auprès des archives privées de la chaîne portugaise, s'est fait comme tous les travaux de longue haleine : dans une certaine douleur. Deux ans après la soutenance, certains souvenirs restent vivaces. La difficulté de construire un travail solide, tant du point de vue méthodologique, théorique que pratique. Les affres de la problématique bien posée. La lutte contre la page blanche lors de la rédaction finale. Les incertitudes, qui se posent déjà, de l'après-thèse. Les tourments inhérents à une vie intellectuelle bouillonnante et obsédée par son sujet. L'incompréhension de certains individus de votre environnement qui ne saisissent tout simplement pas ce que vous faites dans la vie. En résumé, un passage difficile, qui exige un bon moral et beaucoup de détermination du candidat au doctorat.

Pourtant, cette succession de vocables à connotation négative ne parvient pas à entacher cette période si formatrice. Doctorante, je pensais pour reprendre une phrase de Rilke qu' *« une chose soit difficile doit nous être une raison de plus pour l'entreprendre »*. La thèse est un espace de vie constructeur, dont il faut savoir cueillir les fruits. Le jour viendrait où je serais fière de mon « chef-d'œuvre », pensais-je innocemment !

Pendant cette période, j'ai également assumé des charges de cours, collaboré en tant que pigiste dans des magazines, donné de la formation pour adultes et travaillé dans l'événementiel. Avoir une seconde activité, encore que moins accaparante, m'est apparu alors comme une nécessité impérieuse, comme une respiration. Le contact avec l'ébullition du monde professionnel, l'action pratique au profit de résultats plus

---

195 D. MEHL, *La télévision de l'intimité*, Paris, Seuil, 1996, 254 p.

imminents se sont présentés tels une « pause » salutaire dans une vie semée de séminaires, de colloques et de manuels théoriques.

Je craignais sans doute également de devenir ce que l'on peut nommer un « ignorant spécialisé ». Et puis, je savais que parfois l'intuition arrive sur le quai d'un métro ou au hasard d'une rencontre. Max Weber le notait déjà en 1919 : *« Si l'inspiration ne remplace pas le travail, celui-ci de son côté ne peut remplacer ni forcer l'intuition, pas plus d'ailleurs que la passion. Mais le travail et la passion la provoquent, et surtout les deux à la fois. Néanmoins elle ne jaillit pas quand nous le voulons, mais seulement quand elle le veut. Il est exact que nos meilleures idées nous viennent, suivant le trait de Ihering, lorsque nous sommes assis sur un canapé en train de fumer un cigare, ou bien, encore selon ce que Helmholtz a dit de lui-même avec une précision scientifique, lorsque nous nous promenons sur une route qui monte légèrement, ou enfin au cours de circonstances analogues. En tout cas, elles nous viennent au moment où nous ne nous y attendons pas et nullement pendant le temps où, assis à notre table de travail, nous nous creusons la cervelle et faisons des recherches »*[196].

Cette immersion dans un autre univers, dont les impératifs sont souvent très éloignés de la réflexion et de la démarche scientifiques, m'a permis ensuite également de comprendre plus aisément les attentes et le langage des acteurs de la vie économique.

2. La soutenance ou l'aboutissement « épique » d'un travail

Quatre ans après le début de cet immense projet, soit en 2005[197], je soutenais enfin ma thèse et voyais là l'aboutissement de mon labeur. Pour l'anecdote, le jour de ma soutenance était réellement une première : je n'avais jamais assisté à aucune soutenance. La veille, j'avais travaillé mes huit heures quotidiennes et n'avait guère eu le temps, comme il aurait été souhaitable, de relire mon « œuvre », de préparer ma présentation du lendemain. Pourtant, forte de la conviction que les quatre-cent pages que j'avais rédigées reposaient sur des fondations solides, j'appréhendais le moment du grand jugement avec une relative sérénité.

---

196 M. WEBER, *Le savant et le politique*, Paris, Plon, pp. 83-84.

197 Ma soutenance a eu lieu le 6 décembre 2005, à la Sorbonne. Le jury était composé de Chantal Duchet, Elisabeth Bastos Duarte, Jean-Pierre Esquenazi, François Jost et Gilles Delavaud.

Après avoir exposé les enjeux de ma recherche, je me suis prêtée au jeu des questions-réponses avec les membres du jury. Non sans un certain plaisir, je reprenais les remarques de mes interlocuteurs, en défendant avec force, et lorsque mes arguments me semblaient valables, mon travail. Un de membres du jury[198] me fit à un moment donné une critique, dont je n'ai pas pesé alors toute la justesse et la portée. Elle regrettait que je n'aie pas suffisamment mis en rapport la télévision, qui était l'objet de ma recherche, et la publicité, dont elle est une des spécialistes. Selon elle, les liens entre l'aspect sémiologique et les conditions économiques, les stratégies de marché n'étaient pas dûment envisagés. Il est vrai que j'avais fait peu de cas du marché publicitaire ; ce qui m'avait intéressée était la production du sens et le sens lui-même. Le souci qui avait animé les vastes pages de ma thèse était de « tracer la topographie de l'intimité télévisuelle », tout en tissant des liens avec les dimensions historique, sociologique, anthropologique et herméneutique. Même si j'avais effleuré la problématique publicitaire, ma thèse devait plus à un fondamentalisme du sens qu'à des considérations économiques impactant ce même sens. Qu'avaient donc à faire là les annonceurs, pensais-je ? Pourquoi aurais-je dû convoquer des arguments de cet ordre ? En quoi cela était-il utile à la pertinence de ma recherche ? Je dois dire qu'à cette époque, je n'avais pas encore compris ô combien cette perche, si je puis dire, allait me hanter quelque temps plus tard. Je n'allais pas tarder à en saisir toute la portée.

3. De la pratique intellectuelle à la pratique quotidienne et opérationnelle de la télévision

A l'occasion de cette thèse, qui pour la gouverne du lecteur curieux a été couronnée de succès, j'avais organisé un buffet et invité, entre autres, un certain nombre de journalistes de la presse lusophone. Il s'agissait, outre le côté festif, d'une opération de communication externe, visant à promouvoir ma thèse. Paradoxalement, trop de diplômés des Sciences de l'Information et de la Communication ne savent pas communiquer. Il fallait pallier cette carence en œuvrant pour la divulgation et la valorisation du travail de thèse. Contre toute attente, c'est ce jour-là que l'un de mes hôtes, que je ne connaissais pas personnellement, m'a fait part d'un projet de création de chaîne, en me proposant de le rejoindre dans cette aventure. Sans trop y croire au

---

[198] Il s'agit de Chantal Duchet, Professeur à l'université Paris 3-Sorbonne Nouvelle.

début, cette invitation allait pourtant se matérialiser et prendre la forme de l'emploi qui m'a occupée pendant les deux dernières années.

J'ai ainsi eu la chance de faire partie du noyau fondateur d'une chaîne en langue portugaise[199], à destination des huit pays lusophones. Ce nouveau média, dont l'ambition était de devenir un jour la TV5 de la lusophonie, a alors accaparé tout mon temps et mobilisé toute mon énergie. En tant qu'adjointe à la direction de l'antenne, mon rôle a été, dans un premier temps, de mettre en place les piliers éditoriaux de la chaîne (dossier de conventionnement du CSA, études de marché IPSOS, grandes lignes de la communication *corporate*, etc.), d'en asseoir l'identité et de générer, en l'absence d'un directeur de programmation, les premières grilles de diffusion. J'avais pour ainsi dire la formation théorique, même si je n'étais pas préparée pour tout le chantier qui se profilait devant moi. Je connaissais les principes généraux et les règles essentielles de fonctionnement du secteur audiovisuel. J'avais lu et relu les ouvrages de François Jost sur le genre télévisuel[200]. Je connaissais bien la typologie préconisée par le CSA et celle utilisée par l'INA. Nonobstant le bagage qui était le mien, bien des outils me manquaient encore. Des outils qui n'étaient pas pour la plupart couchés entre les lignes d'un livre.

Il a fallu rapidement évaluer le coût de la grille que nous avions projeté de diffuser, déterminer la volumétrie de production propre et externe. L'adoption de stratégies efficaces, dans un secteur saturé et très concurrentiel, n'était plus une question que je pouvais éluder. Les enjeux étaient de taille. Il ne s'agissait pas d'un simple « point de détail », comme il avait pu me sembler lors de mon analyse théorique. Il s'agissait d'éléments majeurs et déterminants, pouvant à terme mettre en péril la vie et survie de l'instance médiatique à laquelle je contribuais à donner vie. Ma sensibilité convergeait toujours vers la question du sens, qui allait de pair avec celle de l'identité de la chaîne, mais je ne pouvais décemment pas me dérober à considérer à sa juste valeur la question du financement et donc, celle des annonceurs et des régies publicitaires. Il s'agissait là d'un retour du refoulé, comme disent les psychanalystes, le

---

199 CLP tv, chaîne en langue portugaise est une mini-généraliste thématique, basée dans les locaux de Cognacq-Jay. Disponible sur le satellite et bientôt référencée sur les principaux câblo-opérateurs.

200 Je recommande notamment la lecture de deux de ses ouvrages. F. JOST, *Introduction à l'analyse de la télévision*, Paris, Ellipses, 1999, 212 p. ; *L'empire du Loft*, Paris, La Dispute, 2002, 154 p.

retour hors de l'inconscient de contenus qui me semblaient inconciliables avec le monde du sens tel que je me le figurais. Les lunettes que je portais pendant ma thèse n'avaient pas tout à fait la bonne correction. Je comprenais finalement, comme me l'avait dit avec bienveillance ce membre du jury perspicace, que la télévision était un objet culturel qui brassait du sens, mais que *« comme tous les biens culturels le système est un système d'économie de l'offre »*[201]. Et si j'avais pu mesurer l'apport de tout mon outillage théorique, je prenais progressivement conscience des fragilités, des faiblesses de certains outils de mon équipement.

4. Partage et mixité des cultures de l'entreprise et de l'université

Il n'est pas rare de poser sommairement la problématique entre le monde de l'entreprise et la vie universitaire en ces termes : « Que peuvent apporter les études à la vie professionnelle ? ». Je prêche, pour ma part, que le tumulte et la trépidation du monde du travail représentent une source précieuse à la réflexion théorique, et ce dans des domaines comme les Sciences de l'Information et la Communication, où la technique et la technologie sont devenues des pièces maîtresses. Plutôt que de prôner un certain isolement, voire une certaine ataraxie, au sens étymologique du terme, la recherche doit volontiers se frotter aux aspérités de ce rocher, qui semble lui faire peur.

L'entreprise, centrée sur l'efficacité, perçue comme une sphère normée et impersonnelle est pourtant un univers vivant, riche des hommes qui le constituent et soumis aux dysfonctionnements correspondants. D'aucuns postulent que le travail, c'est la « vraie vie », par opposition à la vie intellectuelle, censée confiner celui qui pense dans sa tour d'ivoire, reclus dans un silence monacal. Cet antagonisme de principe constitue, il me semble, la pierre d'achoppement de la valorisation de la recherche, prise comme une activité totalement désincarnée. De trop nombreux professeurs souffrent de ces préjugés, fuyant toute contamination avec les acteurs du monde de l'entreprise. Leur enseignement gagnerait pourtant en consistance. Il serait souhaitable d'encourager et d'entretenir un dialogue entre les deux galaxies. Les sondages réalisés à ce sujet et parus dans la presse révèlent qu'un pourcentage élevé d'étudiants se plaignent de ce manque de

---

201 L. FONNET, *La programmation d'une chaîne de télévision*, Paris, Dixit, 2003, p. 47.

contact de l'université avec l'entreprise et qu'ils en paient ultérieurement les « pots cassés », pour parler de façon claire.

Le doctorat n'est pas, bien sûr, la carte verte pour l'Eldorado de l'emploi. Ce n'est pas non plus, il est vrai, sa raison première d'exister. Dans un domaine scientifique particulier, il se fonde sur les voies qu'il a pour mission d'ouvrir, par la réflexion qu'il est censé susciter. Il apporte une compétence de pointe, permet d'acquérir une méthodologie, apprend à conduire et gérer des projets. Mon expérience me porte à croire que la voie doctorale justifie l'investissement important qu'il requiert et contribue au développement de la carrière professionnelle. Toutefois, il ne faut évidemment pas espérer qu'un employeur déroule le tapis rouge à l'issue de ce parcours du combattant ; il s'agit là d'un investissement à long terme, dont l'apport dépend pour beaucoup du futur docteur et de sa curiosité. Quoi qu'il en soit, il faut certainement se dire, comme aimait à le répéter ma mère pendant ma tendre enfance que « le savoir ne prend pas de place ». Autant lui ouvrir alors les tiroirs du possible si l'esprit est par là incliné. Je crois que c'est en substance ce que Jean Guitton voulait dire lorsqu'il écrivait : *« Etudiant, voilà bien un titre qu'on ne dépose qu'au tombeau ! »*[202]. Si sagesse savante et sagesse populaire abondent souvent dans le même sens tout en s'en défendant, réflexion scientifique et action professionnelle peuvent aussi s'asseoir à la table des négociations, sans se sentir sous les fourches caudines ou rougir honteusement de cette nouvelle fréquentation.

[202] J. GUITTON, *Nouvel art de penser*, Paris, Aubier, 1946.

Chapitre 7

La recherche à l'international

Dans ce dernier chapitre, les auteurs en présence ont choisi de s'extraire de leur pays d'origine pour poursuivre leur thèse. Bonnie Kern (américaine), Cristina Popescu (roumaine) et Toni Ramoneda (espagnol), tous trois doctorants au sein des universités Lyon 2 et Lyon 3, développent ici un discours réflexif sur leur statut de doctorant étranger. Ainsi soulignent-ils la grande capacité d'adaptation dont doivent faire preuve les doctorants pour conjuguer les habitus langagier, méthodologique et théorique de leur pays d'origine et de leur pays d'accueil.

Dans le texte suivant, Jean Charron, professeur à l'université Laval (Québec, Canada), et Camille Laville, Maître de Conférences à l'université de Nice Sophia-Antipolis, présentent les modalités de la cotutelle de thèse et les spécificités d'un partenariat franco-québécois. L'occasion pour cette ancienne doctorante et son directeur de recherche d'évoquer sans détours tous les aspects pratiques à prendre en compte lorsque l'on envisage de s'engager dans une cotutelle – financement, choix des directeurs, examens – et de souligner les intérêts multiples d'un tel échange.

Être chercheur étranger en France

Bonnie Kern, Cristina Popescu, Toni Ramoneda

En tant qu'étrangers arrivés en France, les autres nous identifient souvent par notre nationalité. A la faculté même on nous propose de travailler sur notre pays, nous sommes supposés connaître mieux cet espace d'origine. Alors, nous posons la question suivante: *Quel est ce savoir que nous sommes censés avoir sur notre pays d'origine au moment de commencer un travail de recherche en France ?* Pour y répondre nous avons identifié plusieurs éléments – la notion d'*habitus* de Pierre Bourdieu nous paraît éloquente – qui composent ce savoir : l'habitus langagier, l'habitus méthodologique et l'habitus théorique.

1. Un habitus langagier

Faire une thèse à l'étranger suppose l'appropriation d'un habitus de langage. Nous ferons ici l'hypothèse d'un double rapport à la langue de la thèse pour un jeune chercheur étranger. Ainsi, la rédaction d'une thèse le confrontera à l'apprentissage de deux langues : la langue de la science (celle qui est utilisée pour rendre compte d'un travail scientifique) et la langue de la science en France (qui contient des spécificités culturelles propres à la langue française, mais aussi au champ universitaire français). La première est celle qui est consignée dans plusieurs manuels portant sur la rédaction scientifique où l'on nous explique la différence entre le langage oral et le langage écrit et où l'on nous donne des conseils pour une écriture réussie dans un style universitaire. L'étudiant en thèse a déjà été initié auparavant à ce type d'exercice. Mais lorsqu'il développe son travail en France il se rend compte qu'il porte aussi avec lui des habitudes culturelles académiques (méthodologique et théorique) qui diffèrent des habitudes françaises. Dans la préface à l'édition française des *Ficelles du métier*, le sociologue américain Howard Becker produit une affirmation intéressante : *« Le type d'écriture des "Ficelles du métier" peut étonner le lecteur français en raison, d'une part de son style et d'autre part de la multiplicité des exemples. Le langage utilisé est simple mais présente plusieurs registres : un vocabulaire usuel en sociologie mais sans jargon obscur, des expressions propres à certains groupes sociaux, un langage familier »*[203]. Le sociologue assume ainsi un habitus de lecture chez le lecteur français

[203] H. BECKER, *Les ficelles du métier. Comment construire sa recherche en sciences sociales*, Paris, La découverte, 2002, p. 13.

auquel il attribue un certain nombre de caractéristiques implicites. Dans les ouvrages consacrés à la rédaction scientifique, il est très souvent fait référence à l'apprentissage par la lecture : l'étudiant se forme et se forge dans son style et dans son écriture à partir de la lecture de textes scientifiques[204]. Il est donc concevable que le doctorant américain qui commence une thèse en France puisse s'étonner devant un texte au style exagérément (pour son habitus) précieux.

L'habitus langagier acquiert ainsi les deux sens de la langue : il renvoie à l'apprentissage d'une langue qui est par définition l'incarnation d'une pluralité culturelle[205] et il renvoie aussi à l'apprentissage d'une langue qui est un système social. Ainsi, indique Bourdieu, *« tout acte de parole et, plus généralement, toute action, est une conjoncture, une rencontre de séries causales indépendantes : d'un côté les dispositions, socialement façonnées, de l'habitus linguistique, qui impliquent une certaine propension à parler et à dire des choses déterminées (intérêt expressif) et une certaine capacité de parler définie inséparablement comme capacité linguistique d'engendrement infini de discours grammaticalement conformes et comme capacité sociale permettant d'utiliser adéquatement cette compétence dans une situation déterminée ; de l'autre, les structures du marché linguistique, qui s'imposent comme un système de sanctions et de censures spécifiques »*[206].

La langue de la thèse est donc la résultante de ces sanctions et ces censures propres au champ universitaire français. Mais, pour suivre encore les pas de Bourdieu : *« Lorsque les gens n'ont qu'à laisser faire leur habitus pour obéir à la nécessité immanente du champ et satisfaire aux exigences qui s'y trouvent inscrites (ce qui constitue en tout champ la définition même de l'excellence), ils n'ont pas du tout conscience de sacrifier à un devoir et moins encore de rechercher la maximisation du profit (spécifique). Ils ont donc le profit supplémentaire de se voir et d'être vus comme*

---

204 Nous n'avons bien évidemment pas fait une consultation exhaustive des manuels existants. Nous citerons toutefois : J.-C. ROUVEYRAN, *Le guide de la thèse. Le guide du mémoire. Du projet à la soutenance*, Paris, Maisonneuve et Larose, 2001, 249 p. ; M. LENOBLE-PINSON, *La rédaction scientifique. Conception, rédaction, présentation, signalétique*, Bruxelles, De Boeck Université, 1996, 152 p. ; L. ALBARELLO, *Devenir praticien-chercheur. Comment réconcilier la recherche et la pratique sociale*, Bruxelles, De Boeck, 2004, 138 p.

205 Pour un travail sur la pluralité des langues par leur rapport à la culture : J. KARAFIATH, M.-C. ROPARS (Dir.), *Pluralité des langues et mythe du métissage. Parcours européen*, Paris, PUV, 2004, 206 p.

206 P. BOURDIEU, *Ce que parler veut dire. L'économie des échanges linguistiques*, Paris, Fayard, 1982, p. 14.

désintéressés »[207]. C'est à ce moment que le doctorant étranger est enfin apte à devenir un docteur français et que, si l'on en croit Howard Becker, il maîtrise au moins une des ficelles du métier.

Mais le doctorant (peut-être devenu docteur) reste quand même étranger et il nous semble légitime de nous interroger sur le caractère de cette étrangéité : il est étranger dans son usage courant de la langue française (il y aura toujours dans sa parole une particularité le distinguant des locuteurs français) mais il est aussi étranger dans son usage de la langue scientifique. Sauf que dans ce deuxième cas, il n'est pas étranger en France mais dans son territoire d'origine académique. À partir de cette interrogation nous pouvons proposer, de manière intuitive et d'après nos propres expériences, une typologie de l' « étrangéité » de la thèse à partir de deux cas de figure : le doctorant faisant une thèse à l'étranger et le doctorant faisant une thèse à l'étranger en co-tutelle :

	Langue courante	**Langue académique**
Doct. étranger en France	Etranger	Non-étranger
Doct. étranger dans son pays	Non-étranger	Etranger
Doct. étranger en co-tutelle en France	Etranger	Non-étranger
Doct. étranger en co-tutelle dans son pays	Non-étranger	Non-étranger

Cet exercice, tout à fait grossier, nous permet toutefois d'insister sur la fragilité de la notion « d'étranger » et des adjectifs que nous pouvons lui attribuer. Mais cela nous permet également d'insister sur l'existence des différences et sur la futilité qu'il y a à penser qu'une intégration réussie reviendrait à faire un usage français de la langue française et ce, aussi bien dans le domaine académique que dans les autres domaines sociaux. Nous pouvons enfin le lire comme un point de départ pour un travail plus approfondi portant sur les enjeux épistémologiques liés à la relation entre la langue et la recherche.

---

207 P. BOURDIEU, « Quelques propriétés sur les champs », *Questions de sociologie*, Paris, Minuit, 2002, pp. 113-120.

2. Un habitus méthodologique

Le projet de recherche, directement lié à la réalisation d'une thèse, comporte trois éléments importants : le corpus, la bibliographie et le parcours universitaire / scientifique du doctorant. Lorsqu'on réalise une thèse en cotutelle, chacun de ces éléments est transformé en s'adaptant aux conditions spécifiques de la recherche. Le jeune chercheur étranger dispose de connaissances par rapport à son pays d'origine, mais il reste aussi à voir ce que la France lui apporte. Son corpus peut être un corpus mixte. Par exemple, dans le cas d'une étude de presse, il peut y avoir la moitié des articles provenant de la presse française et l'autre moitié provenant de la presse étrangère. La bibliographie bénéficie de la même mixité, privilégiant quand même les apports français, car il faut ici tenir compte de l'objectif du doctorant qui est celui de s'approprier des instruments spécifiques pour la recherche française. Le troisième élément – le parcours universitaire / scientifique – évolue dans une même direction car le doctorant ne peut rester dans un seul contexte de recherche. De cette façon, une thèse en cotutelle peut souvent impliquer des caractéristiques qu'on ne retrouvera nulle part ailleurs. Le fait d'appartenir à deux universités, à deux laboratoires, dans deux pays différents mène à un continuel aller-retour, nécessaire au maintien du contact entre deux réalités plus ou moins ressemblantes. C'est pour cela que le passage intérieur/extérieur est très fréquent. Par moments donc le doctorant intègre une tradition de recherche pour la regarder ensuite de l'extérieur, lorsqu'il se déplace vers son deuxième laboratoire d'accueil.

La rédaction de la thèse se fait en français. C'est un travail minutieux qui débute. Il implique la traduction de beaucoup de mots et concepts du français dans l'autre langue et inversement. Cette démarche apparaît simple au début, mais peu à peu, le travail se montre bien plus compliqué. Surtout lorsque l'on constate que derrière les mêmes mots se cachent des représentations différentes. Prenons notamment l'expression : « les sciences de l'information et de la communication ». Malgré une certaine discussion autour de ces sciences, les chercheurs français arrivent à tomber d'accord, à retrouver un champ commun de discussion. En parlant en Roumanie des mêmes « sciences », le chercheur risque de ne pas être compris. En Espagne, on parlera de la sociologie ou du journalisme, aux Etats-Unis, on évoquera les *Media Studies*. Il faudra alors que le doctorant en cotutelle réalise une explication plus détaillée, illustrée de plusieurs exemples.

Par son caractère comparatif, une thèse en cotutelle est enrichissante. En sortant du contexte étudié, le chercheur constate ce qui manque, le « hors champ » ayant un rôle décisif dans la compréhension de la totalité. En plus, l'effort fourni pour expliquer les concepts à ceux qui n'y sont pas initiés rend service au doctorant, car il se voit obligé de bien les comprendre lui-même pour mieux les transmettre aux autres.

3. Un habitus théorique

Dans chaque pays – que cela soit en Europe de l'Est, de l'Ouest ou en Amérique – l'enseignement supérieur puise dans les théories de ses propres savants. Le chercheur étranger ayant effectué une partie de son parcours universitaire en dehors de la France pourrait parfois se trouver avec des lacunes ou même des « manières de voir » qui ne correspondent pas à celles de la France. Pour éviter les *quiproquos* et les contresens dans son travail français, le chercheur étranger devrait faire preuve de recul en ce qui concerne ses propres bases théoriques. En entamant une thèse à l'étranger, le doctorant réapprend et recontextualise des concepts et des notions pour pouvoir les employer « à la française » lors de la rédaction de la thèse. Cette acquisition d'habitus théorique français sera mise à l'épreuve lors de la soutenance devant un jury principalement composé de Français.

Pour illustrer une méthode de l'appropriation de l'habitus théorique français, nous prendrons l'exemple concret de l'un de nos travaux de thèse : « La représentation de la femme dans le cinéma américain des années 1980 et sa réception en France ». Bien-sûr, il faudrait que n'importe quel doctorant – français ou autre – explique ce qu'il entend par « représentation » et « réception ». Cependant, d'autres termes doivent être clarifiés. Comme le titre le suggère en citant les années 1980, cette étude traite la période dite « post-féministe » dans deux des pays fondateurs du mouvement féministe. Bien que les féministes françaises et américaines luttent pour les mêmes droits, leurs manières de lutter s'opposent souvent. Par conséquent, l'apprentissage de ces mouvements et de leurs théories pourrait être radicalement différent. Il suffit de constater l'énorme influence des *Gender Studies* dans l'enseignement supérieur aux Etats-Unis et sa *quasi*-absence en France. Il nous semble donc essentiel d'expliquer les nuances dans les interprétations françaises et américaines du féminisme. Cette explication est centrale pour la construction de l'argumentation de la thèse et par la suite pour la bonne compréhension de l'étude. Dans son introduction, le doctorant commence par définir le féminisme et ses concepts des deux côtés de l'Atlantique. Puisque l'étude porte sur la réception française d'une image américaine post-féministe, le doctorant aborde cette définition en trois temps : 1) le féminisme américain (plutôt empirique), 2) le féminisme français (plutôt théorique), 3) le féminisme américain critiqué par les savants français. Le troisième point mérite d'être souligné : cette thèse est une étude sur la réception transnationale et non pas sur le féminisme. Or, le post-féminisme constituant la toile de fond de la réception, il est nécessaire de nationaliser l'étude. Au moment du traitement des concepts féministes, le doctorant fait appel aux auteurs privilégiés lors de sa formation initiale aux théories féministes aux Etats-Unis. Cependant, pour sortir de son habitus théorique américain, il décide d'équilibrer les citations d'auteurs américains et français même si par moment cela implique de mettre de côté certaines études pertinentes appartenant aux *Gender Studies.*

En effet, le doctorant étranger est souvent amené à chercher des traductions françaises des livres déjà lus dans sa langue maternelle (comme dans les exemples de Bourdieu et Becker cités plus haut), parfois même des livres rédigés dans sa propre langue. Dans le cas d'importantes œuvres féministes en anglais, leur traduction française ne fait que commencer. Eric Fassin s'interroge sur la résistance et la non-réception française des écrits féministes américains, notamment l'étude *Trouble dans le genre* de Judith Butler, une Américaine profondément influencée par les théoriciens français.[208] Il explique que cette réserve à laisser entrer la pensée américaine peut provenir de la *« menace »* qu'elle représentait pour *« l'unité de la nation et en même temps l'universalisme républicain et l'harmonie entre les sexes »*[209]. Le chercheur étranger doit prendre en considération la réaction que pourrait avoir un jury face aux œuvres controversées.

Conclusion

Nous sommes partis de l'hypothèse que l'objet d'étude d'un doctorant étranger est souvent lié à son pays d'origine mais que la

---

[208] J. BUTLER, *Gender Trouble*, New York, Routledge, 1990, 149 p. ; J. BUTLER, *Trouble dans le genre*, trad. C. KRAUS, Paris, La Découverte, 2005.

[209] E. FASSIN, « Résistance et réception : Judith Butler en France », Journée d'étude Lectures de Judith Butler, Paris, Ecole normale supérieure, 6 mai 2005.

méthodologie de recherche, les instruments sont plutôt français. Il se peut aussi que nous disposions des apports de nos formations précédentes en Roumanie, en Espagne ou aux États-Unis dans la façon de construire ces instruments de recherche. Ainsi nous pouvons en conclure que pour le doctorant étranger l'enjeu est de faire une thèse française et non pas une thèse traduite en français. Que cela soit par la langue, la méthode ou la théorie, le chercheur étranger s'efforce de s'approprier les habitus académiques français en les complétant avec les habitus de son pays d'origine.

La cotutelle de thèse : l'exemple du programme franco-québécois

Jean Charron, Camille Laville

La France et le Québec ont, depuis plus de quarante ans, mis en place des structures et des programmes conjoints qui visent à encourager et à faciliter la mobilité des étudiants et à contribuer à la coopération scientifique entre la France et le Québec. Ces structures et ces programmes ont été initiés par les autorités gouvernementales puis, peu à peu, pris en charge par les établissements d'enseignement et par les réseaux universitaires dans les deux pays. C'est ainsi qu'en 1996, la Conférence des Présidents d'Université (CPU), la Conférence des Directeurs d'Écoles et de Formations d'Ingénieurs (CDEFI) et la Conférence des recteurs et des principaux des universités du Québec (CREPUQ) ont signé une *Convention cadre de cotutelle de thèse*, qui met en place un programme d'échange dont l'objectif est de permettre aux doctorants d'effectuer leurs études doctorales en s'inscrivant simultanément dans deux établissements universitaires, québécois et français, et de réaliser leur thèse sous la supervision de deux directeurs. Il s'agissait, pour la France, d'étendre au Québec une pratique déjà établie depuis 1994 avec les pays européens. Entre 1996 et 2005, plus de 600 étudiants se sont prévalus du programme franco-québécois de cotutelle de thèse. En 2004, 105 thèses avaient été officiellement achevées. On estime que 10% de tous les doctorats français en cotutelle sont réalisés en collaboration avec une université québécoise, ce qui fait du Québec le premier partenaire de la France en cette matière, devant l'Italie. Cependant, ces données, une fois mises en perspective, montrent que le nombre d'étudiants inscrits dans une cotutelle franco-québécoise demeure somme toute restreint : entre 1996 et 2001 ces étudiants ne représentaient que 1,6% des doctorants québécois et 0,4 % des doctorants français[210].

---

[210] Ces données citées dans ce paragraphe proviennent d'une thèse, elle-même réalisée en cotutelle. Voir : S. MESLI, *La coopération franco-québécoise dans le domaine de l'éducation de 1965 à nos jours*. Thèse de doctorat en histoire, Université du Québec à Montréal et Université de Paris 8, 2006, 621 pages.

1. Le programme de cotutelle de thèses

Les dispositions établies dans la *Convention cadre de cotutelle de thèse* sont relativement simples :

- L'étudiant en cotutelle de thèse s'inscrit à temps complet, simultanément et sans interruption dans deux établissements, l'un français, l'autre québécois. Ses études doctorales doivent par conséquent répondre aux exigences des deux programmes et sont soumises aux règlements en vigueur dans les deux établissements partenaires.
- Le doctorant effectue sa scolarité et ses travaux de recherches en alternance dans les deux établissements partenaires et sous la supervision conjointe d'un directeur de thèse en France et d'un directeur de thèse au Québec, les deux assumant pleinement les compétences et les responsabilités attribuées dans leur pays à un directeur de thèse.
- La thèse donne lieu à une soutenance unique, en France ou au Québec, reconnue par les deux établissements. Les membres du jury de thèse sont désignés à parité par les deux établissements. Le jury de thèse est composé obligatoirement des deux directeurs de thèse et d'un examinateur externe aux deux établissements, auxquels s'ajoute généralement un autre professeur pour chaque établissement.
- L'étudiant reçoit deux diplômes, un doctorat français et un Ph.D. québécois. Le libellé de chaque diplôme fait mention de la collaboration de l'établissement partenaire ainsi que de la cotutelle.
- Le doctorant ne paie les droits d'inscription et de scolarité que dans un seul des deux établissements, celui où il séjourne.

Chaque cotutelle donne lieu à la signature, par le doctorant, ses deux directeurs et les deux responsables des établissements partenaires, d'une convention particulière qui fixe les modalités de la cotutelle et dont les termes auront été négociés par les signataires. La convention, dont les dispositions doivent évidemment respecter celles de la *Convention cadre*, contient les informations suivantes :

- le nom des établissements partenaires et le nom des responsables désignés ;
- le nom du doctorant et de ses directeurs ;
- le sujet ou le titre de la thèse ;

- le titre des programmes dans lesquels s'inscrit le doctorant ;
- la liste des activités (cours, séminaires, examens, etc.) auxquels participera le doctorant dans chacun des établissements ;
- un calendrier des activités qui prévoit les périodes de séjour dans les deux établissements (normalement, le temps de résidence dans un établissement devrait être de l'ordre de la moitié de la durée du programme) ;
- la durée de la convention (qui est normalement de trois ans et qui peut être prolongée par avenant, avec l'accord des deux établissements, sur proposition conjointe des deux directeurs) ;
- la couverture sociale et la responsabilité civile dont bénéficie le doctorant dans chacun des établissements ;
- le moment (mois et année) et le lieu (établissement) prévus pour la soutenance.

La convention peut aussi comprendre des informations ou des mesures additionnelles négociées entre les partis, dans le respect des dispositions et modalités arrêtées dans la *Convention cadre.*

2. Quelques considérations pratiques

Avant d'en arriver à la signature d'une telle convention, plusieurs décisions devront être prises par le doctorant et plusieurs aspects de la cotutelle devront avoir été négociés : quel est le sujet de la thèse ? Qui dirigera la recherche en France ? Qui dirigera la recherche au Québec ? Dans quels programmes s'inscrire en France et au Québec ? Comment financer l'opération ? Dans quel pays aura lieu la soutenance ?, etc. Ces décisions, et bien d'autres, si elles sont assujetties aux dispositions de la *Convention cadre* et aux règles en vigueur dans les pays et dans les universités concernés, obéissent aussi à des considérations pratiques et à des calculs stratégiques qui sont rarement évoqués par les différentes instances universitaires. C'est pourquoi, forts d'une expérience de cotutelle de thèse, nous vous livrons ici les points de vue d'un directeur de thèse et de sa doctorante.

Le choix des directeurs

Le choix des établissements partenaires et des directeurs est, de toute évidence, une décision cruciale. Les cotutelles sont en général réalisées sous la supervision de professeurs qui ont déjà établi une collaboration (participation à des projets de recherche communs, supervision conjointe de mémoire ou de thèse, échanges de stagiaires, co-signature d'une publication, etc.). En tout cas, il est certainement plus sage de choisir des directeurs qui se connaissent suffisamment pour savoir qu'ils n'auront pas de désaccords majeurs entre eux quant à l'orientation à donner aux activités de recherche du doctorant. Idéalement, le projet de thèse devrait être suffisamment précis dès la signature de la convention pour que chaque directeur connaisse et accepte les choix du doctorant quant à l'orientation générale qu'il compte donner à ses travaux. Certes un projet de thèse est susceptible d'évoluer et de se transformer; rien de plus normal, mais les directeurs doivent adhérer à la perspective générale du projet de recherche et aux fondements épistémologiques de la démarche. Le doctorant doit avoir à ce sujet quelques garanties pour éviter des conflits dont il ferait les frais.

Les étudiants français connaissent en général les professeurs dans leur université d'attache et ils sont en mesure de choisir un directeur en qui ils ont confiance et qui sera en mesure de les conseiller quant aux choix d'un partenaire étranger. Quand la cotutelle s'inscrit dans une collaboration soutenue entre un directeur français et un collègue québécois, le choix des directeurs ne pose pas de problème. Encore que l'étudiant doit savoir à qui il a affaire, et rien ne vaut une fréquentation assidue des publications d'un chercheur pour savoir si ses intérêts de recherche et ses choix théoriques, épistémologiques et méthodologiques sont compatibles avec les nôtres. Par ailleurs, il n'est pas rare que l'on trouve, sur les sites des universités québécoises, la liste, pour chaque professeur, des mémoires et des thèses qu'il a dirigés ; voilà, pour un thésard à la recherche d'un directeur, des renseignements précieux qui lui permettent de juger non seulement de l'étendue de l'expérience de direction du professeur, mais aussi de la nature des travaux qu'il a dirigés.

Les frais liés à la cotutelle

Les frais propres à la cotutelle sont de trois ordres : les frais de scolarité (qui sont plus élevés au Québec qu'en France), les frais inhérents au fait d'étudier à l'étranger (déplacements, assurances, etc.) et les frais de déplacements des directeurs de recherche (que les universités n'assument pas et qui sont donc à la charge de l'étudiant ou des directeurs eux-mêmes). Bien que le doctorant soit dûment inscrit dans deux universités, la *Convention cadre* stipule qu'il ne paie les droits de scolarité que dans l'établissement où il séjourne et quand il y séjourne. Le doctorant français doit donc, au moment où il séjourne dans son université québécoise, payer les frais de scolarité applicables dans cette université. En vertu d'une entente entre les gouvernements français et québécois, les étudiants français inscrits dans une université québécoise ne sont pas soumis aux frais supplémentaires auxquels sont assujettis les étudiants étrangers et paient, par conséquent, les mêmes frais que les étudiants québécois (qui sont de l'ordre de 1 000$ par trimestre). Même si les frais de scolarité sont au Québec les moins élevés d'Amérique du Nord, il reste qu'ils sont supérieurs à ce que paient les doctorants en France. Pour eux, la cotutelle implique donc à ce chapitre des frais supplémentaires.

La cotutelle implique également des frais de voyage : un billet d'avion pour un aller-retour entre la France et le Québec coûte autour de 1 000$ et, pendant la cotutelle, un doctorant aura vraisemblablement à faire le voyage au moins deux fois. Pour alléger ses dépenses, le doctorant peut limiter le nombre de ses déplacements en concentrant ses cours et ses examens dans son université à l'étranger sur une même période. Aux frais de déplacement du doctorant s'ajoutent ceux de ses directeurs, que les universités n'assument pas. Les échanges entre les directeurs eux-mêmes et avec le doctorant peuvent se faire à distance, par téléphone ou par courrier électronique. Mais, pour la soutenance, à moins de recourir à la vidéo-conférence, qui est un pis-aller, il faudra faire voyager un des deux directeurs. Si ses budgets permettent au directeur de défrayer lui-même son déplacement, tant mieux; sinon c'est le thésard qui devra assumer les frais. La solution peut consister à aider le hasard pour que la soutenance coïncide avec une activité professionnelle (un colloque par exemple) pour laquelle le directeur voyageur pourra trouver un financement. Et puis les universités, qu'elles soient québécoises ou françaises, seront disposées à contribuer aux frais de déplacements d'un visiteur éminent en échange d'une conférence publique ou d'une participation à un séminaire. Quoiqu'il en soit, un doctorant qui veut faire une cotutelle se facilite les choses quand il choisit un directeur québécois qui, par obligation professionnelle ou autrement, est appelé à se rendre, de temps à autre, en France. À moins que ce ne soit l'inverse et que son directeur français ait des attaches au Québec. En tout cas, ce sont des aspects de la cotutelle dont les partis ont intérêt à discuter avant même de s'engager dans cette démarche. Finalement, un étudiant français qui choisit de réaliser une partie de ses études au Québec devra naturellement assurer sa subsistance; sur ce plan sa situation n'est pas différente de celle de ses confrères et consœurs, québécois et français. Ou bien il profite d'une bourse substantielle et peut consacrer tout son temps à ses études ou bien il doit travailler pour financer ses études. Nous verrons dans la section suivante que cela est possible pour un doctorant français qui séjourne au Québec.

Le financement des études

Un étudiant qui souhaite faire une cotutelle ne doit pas laisser les questions d'argent freiner son projet. Facile à dire, certes, mais ce n'est pas non plus si difficile à faire car les universités québécoises cherchent à recruter des doctorants étrangers et, pour y arriver, elles sont disposées à les aider financièrement. Il faut savoir que les universités au Québec sont en situation de forte concurrence avec les autres universités canadiennes et américaines. Pour une université québécoise, recruter un étudiant français dans un programme de cotutelle offre trois grands avantages : premièrement, en vertu d'une entente entre la France et le Québec, le ministère de l'Éducation du Québec rémunère l'université pour la formation de cet étudiant comme s'il s'agissait d'un étudiant québécois (or, former des docteurs, c'est payant !) ; deuxièmement les étudiants étrangers contribuent à donner aux programmes de doctorat une ouverture internationale, ce qui est aujourd'hui indispensable à une formation universitaire de haut niveau; troisièmement, les étudiants étrangers, de France ou d'ailleurs, quand ils retournent dans leur pays, contribuent au rayonnement international des universités québécoises. Pour inciter les bons étudiants, québécois ou étrangers, à s'inscrire dans leurs programmes de doctorat, les universités accordent des bourses dont la nature et l'importance varient selon les universités, les facultés et même les programmes, mais qui, au total, couvrent au moins les frais de scolarité (ce qui veut dire que la scolarité est, à toutes fins utiles, gratuite) et qui, dans la plupart des cas, compensent au moins une partie des frais de voyage des étudiants en cotutelle, si ce n'est de leurs frais de subsistance.

Prenons un exemple concret, celui d'un étudiant français inscrit dans un doctorat en SIC dans une université française et qui entreprendrait un programme de cotutelle avec le Département d'Information et de Communication (DIC) de l'Université Laval, où il séjournerait pendant quatre trimestres. Selon les règles actuellement en vigueur, qui ne sont pas parmi les plus généreuses, cet étudiant aurait droit, au cours de ses études, à :

- la bourse d'admission de l'université Laval (2 000$) ;
- la bourse d'admission du DIC (500$) ;
- l'aide du Fonds de soutien au doctorat du DIC (2 000$, soit 500$ par trimestre) ;
- la prime à la réussite de l'examen de synthèse (500$) ;
- la prime au dépôt initial de la thèse (500$).

Pour un total de 5 500$, soit un montant nettement supérieur aux 4 000$ qu'il aurait à payer en frais de scolarité. Les autres universités québécoises offrent des conditions différentes, mais toutes soutiennent financièrement leurs doctorants. À ce soutien direct s'ajoute la possibilité d'obtenir des bourses d'excellence. Certains programmes de bourses sont accessibles à tous les doctorants étrangers ; c'est le cas par exemple du programme de *Bourses d'excellence pour étudiants étrangers* (Bourses de doctorat en recherche) du ministère de l'Éducation, des Loisirs et du Sport du Québec (25 000$ par année) et du programme *Bourses de doctorat* de la Fondation de l'université Laval (12 000$ pour un an, renouvelable). D'autres programmes de bourses sont réservés aux doctorants en cotutelle ; c'est le cas du Programme Frontenac de soutien à la mobilité des doctorants inscrits en cotutelle de thèse franco-québécoise (qui accorde chaque année 10 bourses couvrant les frais de déplacement et de séjour, soit trois mois de bourse et un billet d'avion par an, pendant un maximum de trois ans) et du programme Lavoisier (qui accorde aux doctorants français des bourses de soutien aux thèses en cotutelle (1 500 euros par mois pour une durée entre 5 et 18 mois).

De plus les doctorants peuvent occuper à l'université un emploi d'assistant d'enseignement (ils corrigent des copies, surveillent des examens, etc.) ou de recherche (on leur confie alors des tâches de collecte, de traitement et d'analyse de données dans le cadre de projets de recherche subventionnés menés par des professeurs-chercheurs). Les quelques heures (payées autour de 17$/l'heure) qu'ils y consacrent chaque semaine leur procurent un revenu d'appoint, mais surtout une expérience concrète des réalités universitaires. Les plus chanceux (en fait ceux dont les compétences coïncident opportunément avec les besoins d'enseignement de leur département) pourront se voir confier une charge d'enseignement. Enfin, les étudiants étrangers peuvent, moyennant quelques formalités[211], occuper un emploi de subsistance en dehors du campus.

Il faut aussi retenir que le doctorant français en cotutelle demeure éligible aux soutiens (bourses, allocations de recherche, monitorats, charges de cours, postes d'ATER, etc.) accordés aux doctorants inscrits dans les universités françaises (ce qu'il continue d'être tout au long des études doctorales). Cependant, les bourses mises à part, ces formes de soutien ne sont généralement accessibles que quand l'étudiant séjourne en France. Quand il séjourne au Québec, le financement d'origine française demeure limité. Il y a bien des bourses de cotutelle, mais ce sont des bourses d'excellence, donc peu nombreuses (15 bourses) et réservées aux candidats qui ont les meilleurs dossiers académiques. Leur montant maximum est de 5 100 euros par doctorant pour la durée totale de la thèse et ne suffit donc pas à couvrir la totalité des dépenses. Toutefois, dans le cadre d'une cotutelle de thèse avec le Québec, on peut bénéficier des programmes d'aide à la mobilité de l'Office franco-québécois pour la jeunesse (OFQJ).

Particularités des études doctorales au Québec

Un doctorant français qui envisage une cotutelle avec une université québécoise doit savoir que les études doctorales au Québec diffèrent sensiblement de ce avec quoi il est familier en France. Nous n'insisterons ici que sur un élément essentiel : les études doctorales font l'objet d'un encadrement plus serré au Québec dans la mesure où les programmes de doctorats québécois comportent un certain nombre de crédits de cours ou de séminaires ainsi que des examens.

Les cours de doctorat ont en général une portée très large et visent à développer un regard de surplomb sur la discipline et sur ses enjeux théoriques, épistémologiques et méthodologiques. Quant aux examens, les modalités varient d'un programme à l'autre, mais ils épousent le plus souvent la formule binaire suivante. Dans un premier examen, dit rétrospectif, le doctorant est invité à répondre par écrit à une ou plusieurs questions formulées de telle manière qu'elles invitent le candidat à montrer qu'il a, de la discipline, une vision plus large que son seul objet de recherche et qu'il est capable de montrer la pertinence de

---

211 Les étudiants étrangers doivent d'abord obtenir de Citoyenneté et Immigration Canada un *permis de travail hors campus*.

son projet en regard de la discipline. Cet essai est évalué par un comité de thèse ; souvent la procédure prévoit un débat entre le doctorant et son comité de thèse, ce qui constitue déjà une préparation à la soutenance. Dans un deuxième examen, dit prospectif, le doctorant présente, dans un document qui pourra atteindre une cinquantaine de pages, le projet de thèse qu'il a concocté sous la supervision de ses deux directeurs. Le document expose le problème de recherche, un état des connaissances sur le sujet, les éléments de théorie que le doctorant compte solliciter dans son analyse ainsi que ses choix méthodologiques. Ce projet donne lieu à un exposé devant son comité de thèse et à un débat. Il s'agit en somme d'une soutenance de projet. Les cours et les examens constituent un processus au cours duquel le doctorant développe son projet de thèse tout en l'ancrant profondément dans sa discipline ; il explore les implications de son projet ; il en précise les fondements conceptuels ; il évalue les options théoriques et méthodologiques qui s'offrent à lui ; tout cela à travers des échanges soutenus avec les autres doctorants de sa cohorte, avec ses directeurs et avec les membres de son comité de thèse. Ainsi l'examen prospectif constitue un bon entraînement à la soutenance de thèse, d'autant plus qu'il s'agit ici de défendre un projet et non une réflexion aboutie et validée par l'observation.

3. De l'intérêt de mener une cotutelle de thèse avec le Québec

Une expérience de cotutelle de thèse est une grande source d'enrichissement (au sens figuré du terme !) pour l'étudiant. Du point de vue d'un étudiant français, les programmes de cours de doctorat de l'université québécoise disposent de deux atouts : d'une part, l'accent est mis sur la méthodologie via des séminaires de thèse, des cours de méthodologie ; d'autre part, l'université québécoise est plus encline à encourager le doctorant à dépasser les barrières disciplinaires si son sujet de thèse le nécessite. Il est donc possible de suivre un cours d'une autre discipline. De plus, les conditions et les habitudes de travail des professeurs des universités québécoises, qui sont sensiblement différentes de celles des professeurs français, favorisent un suivi et un accompagnement soutenus de l'étudiant.

Les Québécois n'hésitent jamais à rappeler que le français est la langue nationale ; il n'empêche que pour le doctorant qui s'aventure sur les terres québécoises c'est l'occasion de se plonger dans la littérature anglo-saxonne, d'étoffer sa bibliographie et d'élargir ainsi son champ de vision. Le doctorant est en quelque sorte invité à tirer profit de la situation privilégiée des universités québécoises, au confluent des traditions de recherche franco-européenne et anglo-américaine.

Conclusion

Si la cotutelle offre de grands avantages, elle ne constitue pas pour autant une clé magique qui ouvrirait à un docteur français la voie menant à une carrière universitaire au Québec. Il faut savoir que les politiques canadiennes en matière d'immigration sont telles que, lors des concours de recrutement, les universités canadiennes ne peuvent embaucher un professeur étranger que s'ils sont en mesure de faire la démonstration qu'aucun autre candidat canadien ne répond aux critères de sélection. Beau défi ! En revanche, détenir un diplôme de doctorat délivré conjointement par deux universités, québécoise et française, constitue sans aucun doute un atout pour les docteurs français qui postulent pour des postes d'enseignant-chercheur dans des universités en France. La réalisation d'une thèse en cotutelle témoigne d'une grande capacité d'adaptation et d'une volonté de se confronter à une autre culture scientifique.

Bibliographie thématique

1. Le déroulement d'une recherche

BEAUD, Michel, *L'art de la thèse*, Paris, La Découverte, 2006.

BEAUD, Stéphane, WEBER, Florence, *Guide de l'enquête de terrain*, Paris, La Découverte, Coll. « Guides Repères », 2003.

BECKER, Howard, *Les ficelles du métier. Comment conduire sa recherche en sciences sociales*, Paris, La Découverte, Coll. « Guides Repères », 2002.

BONNEVILLE, Luc, GROSJEAN, Sylvie, LAGACE, Martine, *Introduction aux méthodes de recherche en communication*, Montréal, Gaëtan Morin, 2007.

BOUTILLIER, Sophie, LABERE, Nelly, GOGUEL D'ALLONDANS, Alban, UZUNIDIS, Dimitri, *Méthodologie de la thèse et du mémoire*, Paris, Jeunes éditions, Coll. « Principes », 2005.

MICHEL, Jean-Luc, *Le mémoire de recherche en information-communication*, Ellipses, 1999.

QUIVY, Raymond, VAN CAMPENHOUDT, Luc, *Manuel de recherche en sciences sociales*, Paris, Dunod, 1995.

2. La recherche documentaire

DARROBERS, Martine, Le POTTIER, Nicole, *La recherche documentaire*, Paris, Nathan, Repères pratiques, 2002.

LETEINTURIER, Christine, *Communication et médias, guide des sources documentaires françaises et internationales*, Paris, Eyrolles, 1991.

MESGUICH, Véronique, THOMAS, Armelle, *Net recherche : le guide pratique pour mieux trouver l'information utile*, Paris, ADBS, 2007.

3. La comparaison

DOGAN, Mattei, PELASSY, Dominique, *Sociologie politique comparative*, Paris, Economica, 1982.

LALLEMENT, Michel, SPURK, Jan, *Stratégies de la comparaison internationale*, Paris, CNRS, 2003.

VIGOUR, Cécile, *La comparaison dans les sciences sociales, pratiques et méthodes*, Paris, La Découverte, Coll. « Guides Repères », 2005.

4. Le corpus : constitution et analyse

BARDIN, Laurence, *L'analyse de contenu*, Paris, PUF, 2003 (11e édition).

CHARAUDEAU, Patrick (Dir.), *La presse, produit, production, réception*, Paris, Didier Erudition, 1988.
CHARAUDEAU, Patrick, *Les médias et l'information, l'impossible transparence du discours*, Bruxelles, De Boeck, 2005.
CHARAUDEAU, Patrick, MAINGUENEAU, Dominique, *Dictionnaire d'analyse du discours*, Paris, Seuil, 2002.
DE BONVILLE, Jean, *L'analyse de contenu des médias, de la problématique au traitement statistique*, Paris, De Boeck Université, 2006.
DE LA HAYE, Yves, *Journalisme mode d'emploi. Des manières de traiter l'actualité*, Grenoble, ELLUG, 1985.
GHIGLIONE, Rodolphe, BEAUVOIS, Jean-Léon, CHABROL, Claude, TROGNON, Alain, *Manuel d'analyse de contenu*, Paris, Armand Colin, 1980.
JAMET, Claude, JANNET, Anne-Marie, *La mise en scène de l'information*, Paris, L'Harmattan, 1999.
JAMET, Claude, JANNET, Anne-Marie, *Les stratégies de l'information*, Paris, L'Harmattan, 1999.
JOST, François, *Introduction à l'analyse de la télévision*, Paris, Ellipses, 1999.
KAYSER, Jacques, *Le quotidien français*, Paris, Armand Colin, 1963.
MAINGUENEAU, Dominique, Initiation aux méthodes de l'analyse du discours, Paris, Hachette, 1976.
MAINGUENEAU, Dominique, *Analyser les textes de communication*, Paris, Armand Colin, 2005.
MAZIERE, Francine, *L'analyse du discours*, Paris, PUF, Coll. « Que sais-je ? », 2005.
MOIRAND, Sophie, *Les discours de la presse quotidienne, observer, analyser, comprendre*, Paris, PUF, 2007.
MOUILLAUD, Maurice, TETU, François, *Le journal quotidien*, Lyon, PUL, 1989.
MUCCHIELLI, Roger, *L'analyse de contenu des documents et des communications*, Paris, ESF, 1998 (8e édition).
RINGOOT, Roselyne, ROBERT-DEMONTROND, Philippe (Dir.), *L'analyse de discours*, Rennes, Apogée, 2004.
ROBERT, André D., BOUILLAGUET, Annick, *L'analyse de contenu*, Paris, PUF, Coll. « Que sais-je ? », 2002 (2e édition).

5. Les enquêtes quantitatives

DE SINGLY, François, *L'enquête et ses méthodes : le questionnaire*, Paris, Armand Colin, Coll. « 128 », 2005.

DE SINGLY, François, MARTIN, Olivier, *L'enquête et ses méthodes : l'analyse de données quantitatives*, Paris, Armand Colin, Coll. « 128 », 2005.

GRENON, Gilles, VIAU, Suzanne, *Méthodes quantitatives en sciences humaines. Volume 1 : de l'échantillon vers la population*, Montréal, Gaëtan Morin, 2000.

GRENON, Gilles, VIAU, Suzanne, *Méthodes quantitatives en sciences humaines. Volume 2 : du modèle théorique vers l'inférence statistique*, Montréal, Gaëtan Morin, 2005.

ROSENTAL, Claude, *Introduction aux méthodes quantitatives en sciences humaines et sociales*, Paris, Dunod, 2001.

6. Les enquêtes qualitatives

ARBORIO, Anne-Marie, FOURNIER, Pierre, *L'enquête et ses méthodes : l'observation directe*, Armand Colin, Coll. « 128 », 2005.

BERTHIER, Nicole, *Les techniques d'enquête : méthode et exercices corrigés*, Paris, Armand Colin, 1998.

BLANCHET, Alain, *Dire et faire dire : l'entretien*, Paris, Armand Colin, 2004.

BLANCHET, Alain, GOTMAN, Anne, *L'enquête et ses méthodes : l'entretien*, Paris, Nathan, Coll. « 128 », 1992.

BLANCHET, Alain *et al*, *L'entretien dans les sciences sociales*, Paris, Dunod, 1985.

BLANCHET, Alain, GHIGLIONE, Rodolphe, MASSONNAT, Jean, TROGNON, Alain, *Les techniques d'enquête en sciences sociales : Observer, interviewer, questionner*, Paris, Dunod, 1987.

GUITTET, André, *L'entretien, Techniques et pratiques*, Paris, Armand Colin, 2005 (6e édition).

KAUFMANN, Jean-Claude, *L'entretien compréhensif*, Paris, Nathan, Coll. « 128 », 2004.

MUCCHIELLI, Alex, *Les méthodes qualitatives*, Paris, PUF, Coll. « Que sais-je ? », 1994 (2e édition).

PINCON, Michel, PINCON-CHARLOT, Monique, *Voyage en grande bourgeoisie, Journal d'enquête*, Paris, PUF, 1997.

WINKIN, Yves, *Anthropologie de la communication, de la théorie au terrain*, Paris, Seuil, 2001 (nouvelle édition).

7. La rédaction de la thèse

BECKER, Howard, *Écrire les sciences sociales. Commencer et terminer son article, sa thèse ou son livre*, Paris, Economica, Méthode des sciences sociales, 2004.

Guide du doctorant, Guilde des doctorants, 2003 : <http://guilde.jeunes-chercheurs.org/Alire/guide/>

Guide pour la rédaction et la présentation des thèses à l'usage des doctorants (2007) : <http://www.sup.adc.education.fr/bib/Acti/These/guidoct.rtf>

Journées d'études « Enjeux (et) pratiques de l'écriture en sciences sociales », Université Paris 1, 2006 : textes des communications : <http://www.univ-paris1.fr/recherche/etudes_doctorales_et_financements/ed/ed119_science_politique/journee_d_etude_sur_l_ecriture/article5457.html>

Writing and Presenting Your Thesis or Dissertation (Guide rédigé par un professeur de la Michigan State University, USA, à l'usage de ses doctorants) : <http://www.learnerassociates.net/ dissthes/>

8. Epistémologie des SIC

BOUGNOUX, Daniel, *Introduction aux sciences de la communication*, Paris, La Découverte, Coll. « Repères », 2001.

BOUGNOUX, Daniel (Dir.), *Sciences de l'Information et de la Communication, Textes essentiels*, Paris, Larousse, 1993.

BOURE, Robert, *Les origines des sciences de l'information et de la communication : regards croisés*, Villeneuve d'Ascq, Presses Universitaires de Septentrion, Coll. « Communication », 2002.

BOURE, Robert, PAILLIART, Isabelle (Dir.), *Les Théories de la communication* (dossier), *CinémAction*, n°63, 1992.

JEANNERET, Yves, OLLIVIER, Bruno (Dir.), *Les Sciences de l'Information et de la Communication, Savoirs et pouvoirs* (dossier), *Hermès*, n°38, 2004.

LANCIEN, Thierry *et al.*, « La recherche en communication en France, Tendances et carences », *MEI* n°14, 2001, pp. 37-64.

MATTELART, Armand, MATTELART, Michèle, *Histoire des théories de la communication*, Paris, La Découverte, Coll. « Repères », 2002.

MIEGE, Bernard, *La pensée communicationnelle*, Grenoble, PUG, 1995.

OLIVESI, Stéphane, *Questions de méthode : Une critique de la connaissance pour les sciences de la communication*, Paris, L'Harmattan, 2004.

OLIVESI, Stéphane (Dir.), *Sciences de l'Information et de la Communication*, Grenoble, PUG, 2006.

OLIVESI, Stéphane (Dir.), *Initiation à la recherche en SIC*, Grenoble, PUG, 2007.

Sites et adresses utiles

Organismes liés à la recherche et aux études doctorales

ANR (Agence nationale de la recherche) : <http://www.anrt.asso.fr/>
ANRT (Association nationale de la recherche technique) :
<http://www.anrt.asso.fr/>
Annuaire des formations doctorales et des unités de recherche :
<http://dr.education.fr/ed_ur.htm>
Cereq (Centre d'études et de recherches sur les qualifications) :
<http://www.cereq.fr/>
CNRS : <http://www.cnrs.fr/shs/>
Egide : <http://www.egide.asso.fr/>
Emploi Scientifique en France : <http://www.emploi-scientifique.info/>
Ministère de l'Education nationale et de la Recherche :
<http://www.education.gouv.fr/>
Ministère délégué à l'Enseignement supérieur et à la Recherche :
<http://www.recherche.gouv.fr/>

Associations de doctorants

Andès (Association nationale des docteurs ès sciences) :
<http://www.andes.asso.fr/>
Association Bernard Gregory : <http://www.abg.asso.fr/>
Confédération des jeunes chercheurs : <http://cjc.jeunes-chercheurs.org/>
Droits d'entrée : <http://droit.dentree.free.fr/>
Guilde des Doctorants : <http://guilde.jeunes-chercheurs.org/>

Associations et organismes en communication à l'international

AIERI (Association internationale d'études et de recherches en Information-communication)-IAMCR :
<http://www.iamcr.org/>
ICA (International Communication Association) : <http://icahdq.org/>
ECREA (European Communication Research and Education Association) : <http://www.ecrea.eu/>

Associations et organismes en SIC ou proches des SIC

AFECCAV (Association française des enseignants et chercheurs en cinéma et audiovisuel) : <http://imagines.u-bordeaux3.fr/afeccav/>

ALEC-SIC (Association lyonnaise des étudiants-chercheurs en SIC) : <http://www.alecsic.fr/>

ISCC (Institut des Sciences de la Communication du CNRS) : <http://institutdelacommunication.atspace.org/>

Laboratoire Communication et politique, CNRS : <http://www.lcp.cnrs.fr/>

REJ (Réseau d'étude du journalisme) : <http://www.surlejournalisme.com/>

SFSIC (Société française des Sciences de l'Information et de la Communication) : <http://www.sfsic.org/>

SPHM (Société pour l'histoire des médias) : <http://www.histoiredesmedias.com/>

Agendas, listes de diffusion et/ou de discussion

Calenda : <http://calenda.revues.org/>

Gram (Groupe de recherche sur l'analyse du discours des médias) : <http://fr.groups.yahoo.com/group/legram/>

Groupe Sciencesociales_journalistes : <http://fr.groups.yahoo.com/group/sciencesociales_journalistes/>

Liste HotDocs : envoyez un mail vide à <hotdocs-subscribe@jeunes-chercheurs.org>

Org & Co : <http://membres.lycos.fr/orgco/>

Recherches européennes en Sociologie des Médias : <http://www.sociomedia-europe.com/>

Sicliste : <sympa@enssib.fr>

Documentation

Acrimed : <http://www.acrimed.org/>

ArchiveSIC : <http://archivesic.ccsd.cnrs.fr/>

Catalogue collectif de France : <http://www.ccfr.bnf.fr/>

Cerise : <http://www.ext.upmc.fr/urfist/cerise/>

Fichier central des thèses : <http://fct.u-paris10.fr/>

Formist : <http://formist.enssib.fr/>

Internet pour les journalistes : <http://www.cyberjournalisme.net/>

Sudoc : <http://www.sudoc.abes.fr/>

Le Web de la doc : <http://doc-iep.univ-lyon2.fr/>

Les auteurs

Aurélie Aubert, Docteure en Sciences de l'Information et de la Communication, CIM (Communication, Information, Médias, EA 1484), Université Paris 3-Sorbonne Nouvelle, <aurel.aubert@wanadoo.fr>

Julien Auboussier, Doctorant en Sciences de l'Information et de la Communication, ELICO (EA 4147), Université Lyon 2 et ATER Université de Savoie, <auboussier_julien@hotmail.com>

Loïc Ballarini, Doctorant en Sciences de l'Information et de la Communication, bénéficiaire d'une convention Cifre, CEMTI (Centre d'études sur les médias, les technologies et l'internationalisation, EA 3388), Université Paris 8-Vincennes-Saint-Denis, <l.ballarini@free.fr>

Lorenzo Barrault, Allocataire-moniteur en Science Politique, Centre de Recherches Politiques de la Sorbonne, Université Paris 1-Panthéon Sorbonne, <lorenzobarrault@yahoo.fr>

Nathalie Casemajor Loustau, Doctorante en Sciences de l'Information et de la Communication, allocataire du Conseil Régional du Nord-Pas-de-Calais, en cotutelle de thèse avec le laboratoire GERIICO (Groupe d'Etudes et de Recherche Interdisciplinaire en Information et Communication, EA 4073) de l'université Lille 3 et l'université du Québec à Montréal, <ncasemajor@gmail.com>

Marie-France Chambat-Houillon, Maître de conférences à l'UFR Communication, CEISME (Centre d'études des Images et des sons Médiatiques, EA1484), Université Paris 3-Sorbonne Nouvelle, <mfchambat@ceisme.fr>

Jean Charron, Professeur titulaire au Département d'information et de communication de l'Université Laval, <comjch@hermes.ulaval.ca>

Pascal Froissart, Maître de conférences en Sciences de l'Information et de la Communication, responsable de la Licence en « Information et communication », Université Paris 8-Vincennes-Saint-Denis, chercheur associé au Laboratoire « Communication et politique » (CNRS, Paris), <pascal.froissart@univ-paris8.fr>

Jean-Philippe Gardère, Docteur-Ingénieur, Sciences de l'Information et de la Communication, Ecole Centrale de Nantes, Université Bordeaux 3, Directeur des espaces publics et déplacements urbains à la Mairie de Bordeaux, <jean-philippe.gardere@wanadoo.fr>

Isabelle Hare, Doctorante en Sciences de l'Information et de la Communication, ATER IEP Lyon, ELICO (Equipe Lyonnaise de recherche en Information et Communication, EA 4147), Université Lyon 2, <isabellehare@yahoo.fr>

Nicolas Hubé, Maître de conférences en science politique, CRPS (Centre de Recherches Politiques de la Sorbonne, UMR 8057), Université Paris 1-Panthéon-Sorbonne, <nicolas.hube@univ-paris1.fr>

Romain Huët, Doctorant en Sciences de l'Information et de la Communication (thèse financée à 100% par le Conseil Régional du Nord-Pas-de-Calais), GERIICO (Groupe d'Etudes et de Recherche Interdisciplinaire en Information et Communication, EA 4073), Université Lille 3 et LEM (Lille Economie Management, laboratoire CNRS UMR 8179), Université Catholique de Lille, <romain_huet@yahoo.fr>

Bonnie Kern, Doctorante en Sciences de l'Information et de la Communication, ELICO (Equipe de recherche de Lyon en sciences de l'Information et de la COmmunication, EA 4147), Université Jean Moulin-Lyon 3, <bonnie.kern@gmail.com>

Amandine Kervella, ATER en Sciences de l'Information et de la Communication, ELICO (Équipe de recherche de Lyon en sciences de l'Information et de la Communication), Université Jean Moulin-Lyon 3, <amkervella@yahoo.fr>

Elodie Kredens, ATER en Sciences de l'Information et de la Communication, ELICO (Équipe de recherche de Lyon en sciences de l'Information et de la Communication), Université Jean Moulin-Lyon 3, <elodiekredens@yahoo.fr>

Linda Labandji, Doctorante en Sciences de l'Information et de la Communication, CEMTI (Centre d'étude sur les médias, les technologies et l'internationalisation, EA 3388), Université Paris 8-Vncennes-Saint-Denis, <labandji@hotmail.com>

Frédéric Lambert, Docteur en histoire et sémiologie du texte et de l'image, Professeur des Universités en Sciences de l'Information et de la Communication, Institut Français de Presse (IFP), Université Paris 2, <frederic.lambert@semiotik.fr>

Camille Laville, Maître de conférences en Sciences de l'Information et de la Communication, I3M, Université de Nice Sophia-Antipolis, IUT de Cannes, <tamille1@yahoo.fr>

Jacques Le Bohec, Professeur des Universités en Sciences de l'Information et de la Communication, GAP (groupe d'analyse politique, Nanterre, EA 1591), Université Lyon 2, <jacques.le.bohec@wanadoo.fr>

Laurence Leveneur, Docteure en Sciences de l'Information et de la Communication, CEISME (Centre d'Etude des Images et du Son Médiatiques), Université Paris 3-Sorbonne Nouvelle, ATER à l'université de Poitiers, <l.leveneur@free.fr>

Elisabeth Machado Marcellin, Docteure en Sciences de l'Information et de la Communication, CEISME (Centre d'Etude des Images et du Son Médiatiques), Université Paris 3-Sorbonne Nouvelle, <elisabethmm@free.fr>

Sandy Montanola, ATER en Sciences de l'Information et de la Communication, GERIICO (Groupe d'Etudes et de Recherche Interdisciplinaire en Information et Communication, EA 4073), Université Lille 3-Charles-de-Gaulle, <montanolas@yahoo.fr>

Cristina Popescu, Doctorante en Sciences de l'Information et de la Communication, ELICO (Equipe de recherche de Lyon en sciences de l'Information et de la COmmunication, EA 4147), Université Jean Moulin-Lyon 3, <c.popescu@yahoo.com>

Toni Ramoneda, ATER en Sciences de l'Information et de la Communication, ELICO (Equipe de recherche de Lyon en sciences de l'Information et de la COmmunication, EA 4147), Université Lumière-Lyon 2, <Toni.Ramoneda@univ-lyon2.fr>

Rémy Rieffel, Professeur des Universités en Sciences de l'Information et de la Communication, Institut Français de Presse (IFP), Université Paris 2, <rrieffel@club-internet.fr>

Florence Rio, Docteure en Sciences de l'Information et de la Communication, laboratoire CIM (Communication, Information, Médias, EA1484), Centre de recherche CREDAM, Université Paris 3-Sorbonne Nouvelle, Agent contractuel en enseignement-Université Paris 13, <florence_rio@hotmail.com>

Emilie Roche, Docteure en Sciences de l'Information et de la Communication, Elico, (Équipe de recherche de Lyon en Sciences de l'Information et de la Communication, EA 4147), Université Lyon 2, <emilieroche@hotmail.com>

Aude Rouger, Allocataire-monitrice en Sciences de l'Information et de la Communication, CIM (Communication, Information, Médias, EA1484), Université Paris 3-Sorbonne Nouvelle, <aude.rouger@univ-paris3.fr>, <aude.rouger@yahoo.fr>

Zeineb Touati, Enseignante-chercheuse en Sciences de l'Information et de la Communication, Université du Havre, <z.touati@laposte.net>; <touatibz@univ-lehavre.fr>

Table des matières

TROISIEME PARTIE
RELIER DES MONDES : LA RECHERCHE, L'ENTREPRISE, L'INTERNATIONAL

L'Harmattan, Italia
Via Degli Artisti 15 ; 10124 Torino

L'Harmattan Hongrie
Könyvesbolt ; Kossuth L. u. 14-16
1053 Budapest

L'Harmattan Burkina Faso
Rue 15.167 Route du Pô Patte d'oie
12 BP 226
Ouagadougou 12
(00226) 50 37 54 36

Espace L'Harmattan Kinshasa
Faculté des Sciences Sociales,
Politiques et Administratives
BP243, KIN XI ; Université de Kinshasa

L'Harmattan Guinée
Almamya Rue KA 028
En face du restaurant le cèdre
OKB agency BP 3470 Conakry
(00224) 60 20 85 08
harmattanguinee@yahoo.fr

L'Harmattan Côte d'Ivoire
M. Etien N'dah Ahmon
Résidence Karl / cité des arts
Abidjan-Cocody 03 BP 1588 Abidjan 03
(00225) 05 77 87 31

L'Harmattan Mauritanie
Espace El Kettab du livre francophone
N° 472 avenue Palais des Congrès
BP 316 Nouakchott
(00222) 63 25 980

L'Harmattan Cameroun
BP 11486
(00237) 458 67 00
(00237) 976 61 66
harmattancam@yahoo.fr

635585 - Décembre 2015
Achevé d'imprimer par

1livre.com
du rêve à la réalité !

Made in United States
North Haven, CT
10 November 2026

22084522R00128